サンデングローバル事業開拓物語

監修のことば

今から六年前の二〇一三年七月、サンデン株式会社は創立七〇周年を迎えました。その前年、私（＝牛久保雅美）は、創立以来の会社の歩みをまとめた『会社の品質――私がめざしたグローバル・エクセレントカンパニーズ』（日科技連出版社）を上梓しました。紙面の関係上、その内容は通史に止まり、各部門の発展経過など詳細な部分まではふれることができませんでした。

そこでサンデンが掲げている三つの経営のキーワード（グローバル・品質・環境）に沿ったかたちで、新しく三冊の本を七〇周年記念事業の一環として編纂することにしました。そのうちの一冊が、この『サンデン・グローバル事業開拓物語』です。

この本を読んでいただく際、一つだけ念頭に置いていただきたいことがあります。それはサンデンの歴史が大きく三つの時期に区分できるということです。

第一期は、創立（一九四三年）からカークーラー用ＳＤコンプレッサーの開発志創業三〇周年を迎えた一九七三年に至る時期で、創業者で私の父・牛久保海平が主導した時代です。第二期は、米国のミッチェル社からＳＤコンプレッサーの全世界販売権を獲得し、グローバル事業を本格的に展開して創立七〇周年（二〇一三年）を迎えるまでの時期です。そして第三期が、二〇一五年にホールディング会社を設立（二〇一五年）して以降、現在に至るまでです。

サンデンは、この区分の第二期に、自動車機器部門のみならず自動販売機や冷凍・冷蔵ショーケース部門を含めた「総合力」によって、飛躍的に成長することができました。世界二三ヵ国に二七工場・五四拠点をもつグローバル企業になったのです。

これだけの世界ネットワークを構築するのに、約四〇年の歳月を費やしています。その間、先輩社員たちはどういう思いで、どんな挑戦をしながら海外市場を拓いてきたのか。その歩みを辿ってみようというのが、この本の趣旨にほかなりません。

私は、グローバル事業の統括責任者としてその四〇年間、陣頭指揮に当たってきましたので、先輩社員たちの舌筆に尽くしがたい努力と奮闘ぶりは熟知しているつもりです。しかし、各現地法人の細部にわたる展開過程や現法社員一人ひとりの活躍ぶりなど細部にわたる点まで把握しているわけではありません。

そこでこの本を編纂・監修するに当たっては、これまで海外事業を支えてきた多くのOB社員たちから海外赴任時代の状況を聞き取る機会を設け、彼らの話と私自身の記憶とを照らし合わせながら、内容を監修するという方法をとりました。彼らの多大な協力がなければ、完成に漕ぎ着けることはできませんでした。

また、ジャーナリストの山口哲男さんには取材段階から参加していただき、私とOB社員たちが話した内容を構成して一冊の本に書き上げる労をとっていただきました。インタビューに応じてくれた多くの先輩社員の方々、ならびに構成・執筆を引き受けて下さった山口さんに改めて心から御礼申し上げます。

なお、諸般の事情により、本書の刊行が今日まで延びたことをお詫びいたします。

二〇一九年一〇月三〇日

サンデン株式会社元会長　牛久保　雅美

取材協力をいただいたOB社員（敬称略）

石川紀夫、市川純也、牛久保研一、大倉孝政、大島晴彦、大谷貴士、小畑逸夫
金刺健、喜部井忠夫、木村青志、久保井正治、小島征夫、坂本誠一、高橋忠夫、
高橋弘、高村俊之、蓼沼明、筒井貞治、那珂道武、中沢萬佐雄、中野真一、野地俊之、
長谷川泰久、羽鳥國威、平賀正治、藤井暢純、松本和比古、紋谷廣徳、安井祐一、
山本満也、バーント・ボーゲル、パトリック・ブーン、ボブ・ジョーンズ

取材協力をいただいた有識者

久米均　　東京大学名誉教授
ロバート・ヤンソン　　ヤンソンアンドアソシエイツリミテッド代表取締役

構成・執筆者まえがき

サンデンの元会長の牛久保雅美さんからサンデのグローバル展開の歴史をまとめた本をつくりたいと依頼を受けたのは、今から五年も前のことになります。

以来、牛久保元会長をはじめ三〇名を超えるOB社員のインタビューを重ね、各種の資料にも目を通しながら構成・執筆に入り、一年半後にはおおよその完成を見たのですが、諸般の事情から刊行は今日にまで延期されてきました。

それがこのたび上梓の運びとなったことは喜びに堪えません。この気持ちは、おそらくインタビューにご協力いただいたOB社員の方々も同じではないでしょうか。

この本の構成は、牛久保元会長のお話しを軸に流れをつくり、随所に当該OB社員の方々の発言を織り込むという形式をとっています。文中に「私は…」とか「私の…」など、随所に「私」という表現が出てきますが、言うまでもなくこれは牛久保元会長を指しています。つまり、牛久保元会長の「ひとり語り」という語り下ろし形式です。そのあたりを念頭にお読みいただければ幸いです。

構成・執筆　山口　哲男

目次

第一章

グローバル企業へのプレヒストリー

創立七〇年周年・グローバル展開四〇年

サンデン株式会社は、二〇一五年四月、従来の会社組織を事業別に分社化し、グループ全体の経営を統括する会社としてサンデンホールディングス株式会社を設立しました。その二年前に創立七〇年を迎え、これからの時代に相応しい次世代のサンデンをつくるための布石として設立したのです。これまで、各部門の総合力で築いてきたサンデンの歴史は、ここからまったく新しい章に入ったといっても過言ではないでしょう。

サンデンの創立は、一九四三年（昭和一八年）七月。私の父・牛久保海平と弟の牛久保守司（叔父）、父の友人だった天田鷲之助の三人が、群馬県伊勢崎市に軍需品のマイカコンデンサー（雲母蓄電器）や無線通信機器の部品を製造する三共電器株式会社を設立したことからスタートしました。

戦後は、電気コンロや二股ソケットなどの民生用機器に転じ、一九四八年（昭和二三年）には大ヒット商品となる自転車用発電ランプを発売。いちやく日本全国に名を知られる機械メーカーになりました。

さらに、電気冷蔵庫や洗濯機などの家電製品やアイスクリームストッカーや冷凍・冷蔵ショーケース、噴水式ジュース自動販売機、ポット式電気ストーブなどの製品も手がけ、一九六二年（昭和三七年）には株式を東京証券取引所第二部に上場しました。

一九七〇年（昭和四五年）にはアフターマーケット向けのカーエアコンユニットでは米国のトップメーカーだったミッチェル社との技術提携契約に調印。翌年から小型コンプレッサーの生産を開始し、日本国内向けのみならずミッチェル社への供給（輸出）も引き受けました。これにともない一九七三年（昭和四八年）に、伊勢崎市八斗島工業団地に年間五〇万台のコンプレッサーを量産できる新工場を完成。同年八月には、株式が東証一部に指定され、商号も「三共」から「サンデン」に改称しました。創立三〇年の節目の年のことでした。

翌一九七四年（昭和四九年）には、ミッチェル社からカーエアコン用コンプレッサーの全世界販売権を取得。サンデン自らが世界の自動車メーカーやディーラーを相手にビジネス展開をすることになったのです。

その橋頭堡《きょうとうほ》として同年一〇月、米国ダラスに海外現地法人ＳＩＡ＝サンキョー（のちのサンデン）・インターナショナル・ＵＳＡを設立。シンガポールにはシンガポール事務所（のちの現地法人ＳＩＳ＝サンデン・インターナショナル・シンガポールの前身）を設立しました。

それらを支える国内体制としては、海外事業を統括する三共インターナショナル株式会社（ＳＩＪ、一九八二年にサンデン・インターナショナル株式会社に商号変更）を設立して、本社を東京に置き、海外展開の基地としました。この年を、私たちはサンデンのグローバル化元年とみなしています。

ただ、厳密にいえば、サンデンにもカーエアコン事業より前に国際取引をしていた商品がなかったわけではありません。その一つは、自転車用発電ランプで、最初は関西や名古屋の輸出業者を通じて主に東南アジアやインドに輸出し、やがてサンデンが直接、輸出業務を取り扱うようになったという経緯がありました。インドの企業とは、一九五六年にカルカッタに合弁会社（ＩＪＩ＝インド・ジャパン・インダストリー）を設立したこともありました。もう一つは、冷蔵シーケースで、台湾や東南アジアから引き合いがあり、輸出することもありました。こうした業務に対応するため、サンデン本社内に輸出課を設けた時期もありましたが、輸出は期待したほど伸びず、本格的なグローバル展開をするには至りませんでした。

ということで、サンデンのグローバル化は、やはり米国ミッチェル社との技術提携で開発し、一九七一年末から発売を開始したカーエアコン用の小型ＳＤコンプレッサーとともに始まったと言っても過言でないと思います。

そこからさらに四〇年という年月が流れ、先述のようにサンデンは創立七〇年を迎えました。現在では主力製品である自動車機器システム（カークーラーの心臓部にあたるコンプレッサーや空調システム）をはじめ、流通関連機器（自動販売機や冷凍・冷蔵ショーケース、コーヒーマシンなど）、および自然冷媒プロダクツなどの製造・販売で、年間売上げは約三〇〇〇億円（連結）。その約七割は自動車機器システムで占められています。

また、全売上げに占める海外比率は七〇％にも及び、海外拠点は世界二三カ国に二七工場・五四拠点、従業員は約一万八〇〇〇人に達しています。七〇年前、群馬県伊勢崎市の小さな機械メーカーとしてスタートしたサンデンは、いまでは地球規模でビジネスを展開するグローバル企業に成長したのです。

七〇周年記念「グローバルアニバーサリー・ウィーク」

サンデンには、会社の創立にちなむ記念日が二つあります。一つは、サンデン株式会社の創立記念日である八月一日。もう一つは、かつて海外事業の本格展開を期して東京に設立されたＳＩＪ（サンデン・インターナショナル・ジャパン株式会社）の創立一〇周年を記念して制定された「グローバルアニバーサリー」です。ＳＩＪは一九九七年にサンデン本体に統合されましたが、この記念日はグローバル市場への挑戦という思いを受け継ぐため、それ以後も毎年、全社的に特別朝礼を実施し、関連するイベントを行ったりしてきました。

そうした沿革を経て二〇一三年に創立七〇周年を迎えたサンデンは、一一月一五日～二四日を「グローバルアニバーサリー・ウィーク」と設定し、群馬県伊勢崎市にある群馬本社で、協力会社やＯＢ社員に対する感謝会、創業記念碑の除幕式などの記念行事を集中的に行いました。

その週末には「アニバーサリーＥＸＰＯ」と「第七回ＳＴＱＭ世界大会」という二つの大きなイベントも開催しました。「アニバーサリーＥＸＰＯ」は、本社グローバルセンター内に『環境、品質、モノづくり、Ｒ＆Ｄ』という四テーマに分けて会場を設営し、七〇年の歩みを回顧した特別展示です。Ｒ＆Ｄ会場には、海外主要拠点を紹介する特別展示ブースも併設されました。

このなかで、注目を集めたのは、海外現地法人と本社を結ぶ映像情報通信システムを使ったテレビ会議でした。「Good Morning　こちらはシンガポールＳＩＳです」「Hello　こちらは夜のダラス、ＳＩＡです」。午後になり早朝のフランスも参加し「Bonjour　フランスSMEです」などと、世界各地の現地法人から生の映像と音声がリアルタイムで流れ、展示フロアで本社スタッフと対話ができるシステムです。本来なら世界二三ヵ国に展開するすべての現法が参加するところですが、時差の関係上、午前中はアジア地域とアメリカ、夕方は欧州地域が加わるかたちで実施されました。サンデンがグローバル企業であることを印象づける恰好のプレゼンになったと思います。

幸いなことに、グローバルアニバーサリー・ウィークの期間

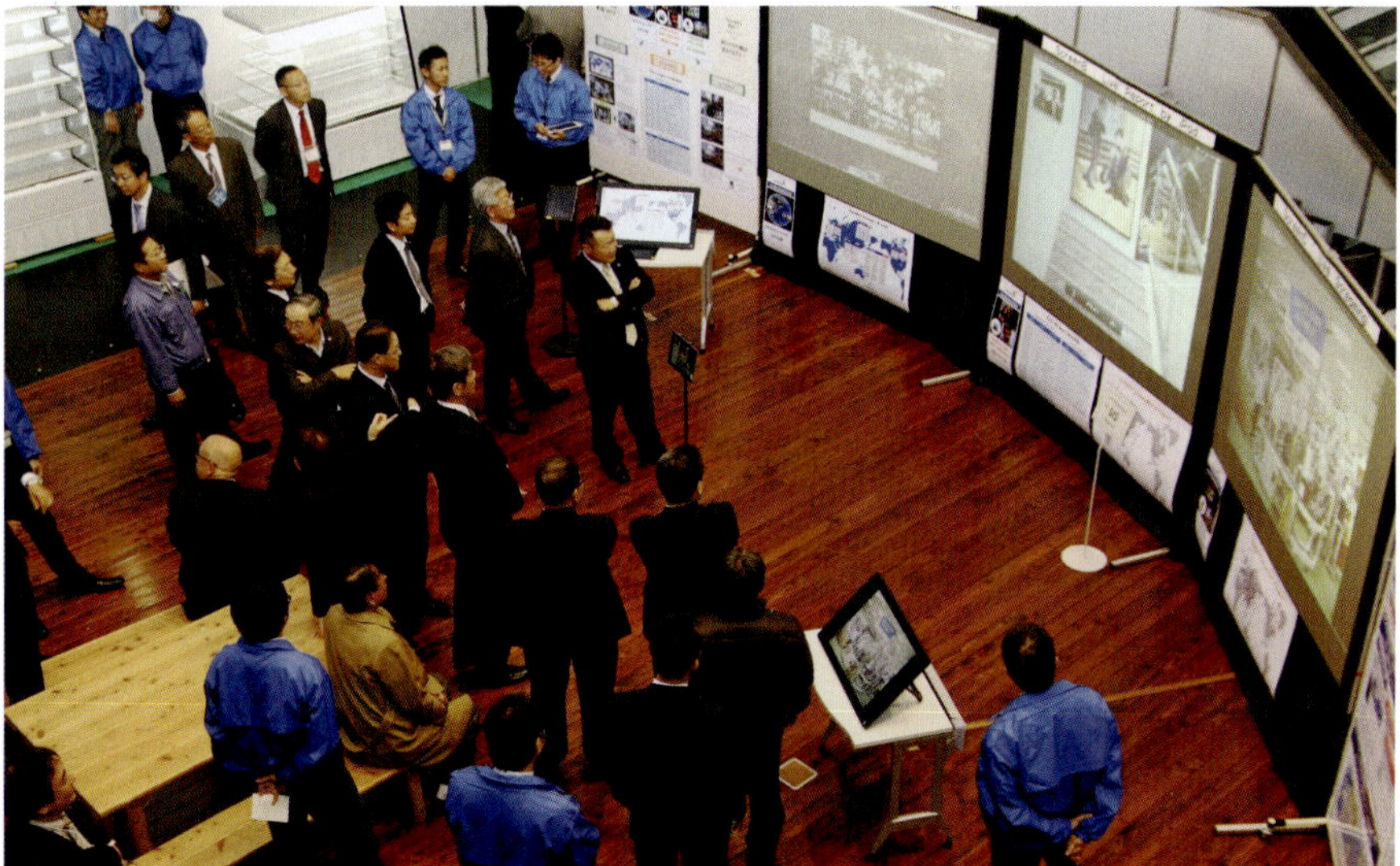

アニバーサリーEXPOで海外拠点とリアルタイムで結ぶテレビ経営会議

第7回STQM世界大会優勝チーム（SME）

中、天気は快晴続きでした。ＥＸＰＯ会場には、これまでサンデンの発展を支えてくださった取引先や協力会社、金融機関、政府や自治体関係者、駐日外国公館の職員、マスコミ関係者などのさまざまな招待客のほか、ＯＢ社員や地元市民、環境ＮＰＯ職員、市内の中学生たちにも来ていただきました。さらには時間の許す限りで社員たちも見学し、延べの来場者は、四〇〇〇人に及ぶという盛況ぶりでした。

そんななかでひときわ目を惹いたのは、世界二三ヵ国の現地法人からやってきた外国人社員たちの姿でした。彼らは、ＥＸＰＯの翌日、伊勢崎市民会館で開かれる「第七回ＳＴＱＭ（Sanden Total Quality Management）世界大会」のために来日したのですが、ＥＸＰＯ見学も希望して先乗りしたのです。彼らの来場で、ＥＸＰＯ会場が、いっそう国際色豊かな雰囲気に包まれましたことは言うまでもありません。

翌日（一一月二三日）は土曜日で会社は休みだったにもかかわらず、多くのサンデン社員が応援に駆けつけ、「第七回

第7回STQM世界大会優勝チーム（YP）

ＳＴＱＭ世界大会」は予定どおり朝一〇時から始まりました。英語の社歌の合唱に始まる開会式に続いて、一一時から世界六ブロック（アメリカ、欧州、日本、中国、中国以外のアジア二地域）から選抜された小集団活動のチームが、それぞれの職場で取り組んだ改革・改善テーマと活動内容について発表しました。発表はすべて英語。司会進行も英語、日本語はほとんど使いません。

このＳＴＱＭ世界大会は、二〇〇三年、創立六〇周年の年に日本で第一回世界大会を開いて以来、主要現地法人との持ち回りで開催され、これが七回目の大会でした。ＳＴＱＭとは、サンデンが一九八〇年代後半から取り組んできた会社業務の質を向上させるためのグループ各社で実施されている挑戦・改革・改善活動を指しています。世界大会は、サンデン本体はもちろん、グループ企業や現地法人も参加して、それぞれが取り組んできたＳＴＱＭの活動成果を発表することで品質経営への理解を促進する場であり、「チームワークビルト」を基本コンセプトに互いにコミュニケーションを深めることでグループ全体のコミュニティシップを深めていこうとする場でもあります。

それぞれに演出を工夫した各ブロック代表チームの発表が終わると、指導員による講評があり、大会はフィナーレとなる表彰式に移ります。第七回世界大会では、フランスSMEのINTERFACEサークルと日本の八斗島事業所のJIT夢VACATIONサークルが優秀賞を受賞し、大きな拍手を浴びました。

大会終了後は、レセプションが開かれ、世界各ブロックの代表メンバーが情報を交換し合います。そのなかには外国人社員だけでなく、たどたどしい英語を使って一生懸命にコミュニケーションを図ろうとする日本人社員たちの姿もありました。みんな、二〇代から三〇代の若手社員たちです。

目を輝かせて自分の国のことや職場での仕事や改善活動、さらには生活や将来の夢などについて話し込んでいる彼らを見ていると、私は改めて『サンデンもグローバルな会社になったな』と実感しました。

それと同時に、まだサンデンが本格的な海外展開をする前の、これから有望と思われる新規事業を必死になって探していた時代、つまり私自身がサンデンに入社した頃のことを思い出していました。

原子力発電の技術者として富士電機に

私がサンデンに入社したのは、今からほぼ半世紀前の一九六八年（昭和四三年）四月に遡ります。三三歳のときでした。といっても、新卒入社ではなく、それまで約一〇年務めた富士電機を辞めて入社したのです。同期入社の社員には、のちに社長になる鈴木一行さんがいました。

富士電機は、私が始めて社会人として、また技術者として洗礼を受けた会社でした。早稲田大学で電気工学を専攻した私は、就職は電気関係でかつ中学生の頃から学んできた英会話を生かせる海外関係の仕事ができるような会社で働きたいと思っていましたが、なかなか希望にかなう企業が見つかりません。結局、ゆっくり機会を待つことにして、大学院に進み、当時まだ新しい分野だった自動制御の研究に取り組みました。

それから一年ほど経った頃、富士電機が、第一銀行、川崎重工業、神戸製鋼とジョイントして東海村に日本で初めての商業用原子力発電所（出力一六万六〇〇〇ＫＷ）を、英国の装置・技術を導入して建設するので、その技術者として就職しないかという話が持ち上がりました。発電は私の専門分野です。そのうえ技術導入に関連した海外勤務もあるという話ですから、願ったり叶ったりです。迷うことなくお世話になることに決めました。

一九五九年（昭和三四年）四月、私は富士電機で原子力発電を扱う総合技術部所属の社員技術者になったのです。

東海村原子力発電所の一号炉は、天然ウランを使用する黒煙減速ガス冷却型原子炉です。当初は予定した四年の工期は大幅に伸びて、完成までに八年の歳月がかかりました。その間、海外へは英国の技術を導入した関係で、一九六二年にＧＥＣ社（かつて英国に存在した総合電機メーカー。米国のＧＥとは別）が建設中の原子力発電所に研修のために訪英しました。

そのとき、私は二七歳。初めての海外勤務でした。まずスコットランドにあるハンターストン原子力発電所で研修を受け、その後、ウエールズやイタリアの原子力発電所も訪ねて実際のプラントの操業技術などを学ぶとともに、技術提携の細部を詰める交渉などに従事して東京に戻ったのです。

この海外勤務で、私は原子力発電のプラント技術の習得だけではなく、技術を取りまとめる折衝や見積もり計算をする役割も担当しました。そのお陰で、海外ビジネスにおける契約交渉の実際とノウハウについても知ることができました。私にとっては生涯の財産となる貴重な経験でした。

東京に戻ってからも総合技術部の所属で原子力発電の仕事に従事し、それなりに充実した毎日を送っていたのですが、三〇歳を過ぎた頃からサラリーマン技術者として一生を送るよりも、経営者として自分で何か新しい事業を起こしてみたいという思いが強くなり、一九六八年に思い切って退社することにしたのです。サンデンの創立者で社長である父・牛久保海平から「そろそろ戻って来ないか」と言われたことも、この背景にありました。

新しい事業を起こすためサンデン入社

そんな過程を経て、三三歳のときサンデンに入社した私は、本来なら技術部門のある伊勢崎の本社に勤務することを期待されたと思うのですが、海外展開もできるような新規事業をやってみたい、という私のたっての希望を、父は聞き届けてくれました。技術部門の統括者だった叔父・牛久保誉夫専務（当時）も了解してくれて、それなら先ずマーケティングを学ぶべきだ、と助言してくれました。

そして、サンデンの営業部門を独立させる形で一九六五年（昭和四〇年）に設立された三共販売株式会社（本社・東京）のなかに私は新しく開発調査室を創設してもらい、その室長に就任しました。東京のほうが日常的に情報に触れる機会が多く、新規事業開発に取り組むのに適した環境だからです。

この当時のサンデンは、すでに東証二部の上場会社になっていましたが、年間売上はまだ一〇〇億円に満たない水準の会社でした。一九五〇年代には大ヒット商品だった自転車用発電ランプの売上に陰りが見え始めており、電気冷蔵庫、電気洗濯機など次々に開発した家電製品は短命に終わり、設計からすべてを自社開発した原動機付き自転車の小型エンジン「マイペット」(一九五七年発売)や原動機付き自転車「モペットコリー号」(一九五九年発売)も、本田技研の「スーパーカブ」との市場競争に敗れ、これも二年後に生産を断念していました。

そんなマイナス要因が重なって、一九六四年(昭和三九年)、東京オリンピックの年、サンデンは経営危機に陥ってしまいます。創業以来、初めてのことでした。幸い、群馬銀行や三菱商事から金融面や販売面の支援を得て、二年後には経営を立て直すことができました。三共販売の設立は、経営再建ための合理化の一環として販売力強化のために製販分離を図ったものです。

これを機に、商品開発もB2CからB2Bへ、つまりユーザーのはっきりしている業務ユース製品の開発に方向転換を図りました。その成果が、かつての電気冷蔵庫の製造で蓄積された「冷やす」技術をもとに新しく開発したアイスクリーム冷凍ストッカーや中身の見える冷蔵ショーケース、各種自動販売機でした。これらの製品の売上は順調に伸び、短期間のうちに主力製品に成長し、次に市場投入した石油暖房器も好調で、サンデンの業績は急回復し、経営も安定してきました。私は、ちょうどそんな時期に入社したのです。

それでもなお、サンデンの経営陣が自転車用発電ランプに代わる次世代のメガヒット商品の開発を切望していたことは間違いありません。この点については、私の新規事業指向とベクトルが一致していたと思います。

東京勤務になった私は、早速、次世代の柱となる新商品・新事業の開発に取り組むことになったのですが、まず始めたのはマーケティングと簿記の勉強でした。マーケティングを学ぶことは叔父・誉夫専務の勧めがあったからです。ただし、指示された学習の仕方は、少々変わっていました。というのは、ちょうどその頃、サンデンは石油燃焼風呂釜「バスピード」を発売したのですが、期待したほど売上が伸びないため、その原因分析を日本能率協会のマーケティングの先生に依頼したところ、「需要予測など初歩的なマーケティング手法が欠如している」という厳しい指摘を受けていました。

そこで叔父から、その先生の指導の下に実際に商品を販売しながらマーケティングを学ぶプロジェクトをつくるので、そのグループに入ってやってみなさい、という指示があったのです。つまり、実際に販売責任を負いながら、マーケティングを学べというのです。

かくして、北海道から九州まで日本全国のサンデンの支社や営業所を駆け回り、石油燃焼風呂釜の販売をする日々が始まりました。目標として「月間一〇〇〇台、年間一万台」を掲げて、突っ走ったのです。最初は「原子力という最先端の仕事をしていたのが、いまは原始的な仕事か」といった冗談をよく言っていたものです。

しかし、そのお陰で、大阪支店にいた山田輝夫さん（のち専務取締役）や四国支店にいた柳田秀二さん（のち常務取締役）、仙台支店にいた内藤雄幹支店長など、後に経営幹部となって私を支えてくれる営業担当者たちと最初に出会ったのは、この時期のことです。

石油風呂釜は、先生の指導もあってほぼ目標通りに販売目標を達成することができました。この経験を通して、私は、どんな購買層にどんなルートで販売していくか、市場を分析し、販売予測を立て、コストなども計算するマーケティングというアプローチが、いかに大事であるかを肌で学ぶことができました。マーケティングは煎じ詰めれば先見性を磨く技術です。これを使いこなすことが、経営者にとっては必須であることも悟ったのです。

父子二人、四〇日の海外視察旅行

こうして石油風呂釜の販売に従事するかたわら、もちろん、新規事業の種探しも続けました。まず、サンデンがこれまでに開発してきた製品群から新規事業に展開できそうな技術やノウハウなどを再点検してみました。その過程で気が付いたのは、サンデンのコアになる技術は、大きく分けて「冷やす」技術と「温める」技術の二系統があることでした。新規事業の開発も、この二つの領域で考えていけば、サンデンの優位性を打ち出すことができるということです。

その翌年（一九六九年）、新規事業開発の節目となる出来事がありました。その一つは、サンデン創業者である父・海平社長と二人で四〇日間、アメリカをはじめ環太平洋の国々を巡る海外視察旅行に出かけたことです。

父は、新規事業のアイディアを得るために、米国や欧州の見本市や国際展示場イベントによく出かけていました。前述の原動機付き自転車「モペットコリー号」は、アムステルダムの国際自転車ショーで展示されていた小型オートバイを見て、自社開発に乗り出したものです。自動販売機の開発も、海外でコーラの自動販売機を見たのがきっかけとなったといいます。

その後、サンデンが経営危機に陥ったため、海外視察はしばらく自粛していたのですが、業績も回復基調に復したので再開することにしたのです。私は、その通訳として同行するかたちです。父と二人で海外に出かけるのは、このときが初めてでした。この視察旅行の目的を、父は自著『海平《うみおだやか》なり』（上毛新聞社）のなかでに、こう記しています。

〈（昭和）四四年、私は再び米国旅行を思い立つ。クルマ社会の先端を行くアメリカの自動車関連ビジネスや技術革新の現状を視察するのが目的である。自転車から自動車関連への転換を図りたかったのである。わが社は、モペット、洗濯機、冷凍ショーケースなどの開発・生産を通して、自動車関連機器を作る基礎技術はすでに持っていたので、自社生産することに問題はなかった〉

というわけで、四〇日間の旅程は、最初の三週間を米国のハワイ、デトロイトとシカゴ周辺やダラスの自動車関連ビジネスの視察に充て、残り半分は環太平洋の国々をめぐるというスケジュールになりました。

実際に米国に入ってみて実感したのは、米国がすでに成熟したクルマ社会を迎えているという現実でした。都市の道路沿いには中古車店がたくさんあり、農村では農家に必ず乗用車がありました。自動車の部品点数は二〜三万にのぼりますが、そのすべての部品に製造業者が存在します。そのうえガソリンスタントや修理などの関連サービス業を加えると自動車関連ビジネスの裾野は驚くほど広く、それらをくまなく視察するのはとうてい無理な話です。そこで、視察先はできるだけ幅広い業種を見て回れるように効率よくアレンジしてもらいました。

その一つとして、ダラスでは、後付けのカーエアコンで知られていたミッチェル社を訪ねています。このときは、肝心のカーエアコンは紹介してもらえず、同社の高圧洗車機を見せてくれただけでしたので、後日、同社の小型コンプレッサーについての技術契約が成立するとは思ってもみませんでした。このほか自動車関連ではないのですが、デトロイトやシカゴ周辺では、自動販売機のメーカーもいくつか訪問したことを記憶しています。

こうして米国内の視察日程が終わり、私たち父子はマイアミからベネズエラのカラカスに飛び立ちました。環太平洋諸国めぐりの始まりです。カラカスからブラジルのサンパウロ、リオデジャネイロと周り、アルゼンチンのブエノスアイレスへ。そこからコロンビアのボコタ、さらにメキシコシティと回って、今度はタヒチ、ニュージーランドのオークランド、オーストラリアのシドニー、フィリピンのマニラ、最後は香港に飛んでそこから日本に戻ってきました。

これらの訪問先と旅程をアレンジしてくれたのは、じつはその当時、サンデンと関わりの深かった三菱商事でした。同社は原材料の化学品を納入してもらう資材調達の関係で以前から取引があったのですが、サンデンが一九六四年に経営危機に陥ったとき、販売力強化のために起ち上げた三共販売株式会社（のちのサンデン販売株式会社）を支援して、サンデン製品の販売提携や商社金融的なバックアップをしてくれた恩義のある会社です。日本を代表する商社ですから、世界各地に駐在事務所があります。そこと連絡しながら私たち父子の海外視察の訪問先や日程を組んでくれたのでした。南米各地の訪問先も、三菱の現地駐在所があるところばかりだったのです。三菱商事の協力がなければ、この海外視察は成立しなかったと言っても過言ではありません。感謝してもしきれないところです。

汎用エアコンユニットの開発

さて、長期の海外視察から戻ると、懸案は山積していました。何よりも新規事業の立ち上げを前に進めなければなりません。そこで、全社員を対象に、「新商品の提案募集」と呼びかけた葉書を五枚ずつ給与袋に同封し、協力を求めました。応募葉書の返送先は、私が室長を務める開発調査室です。

社員の反応は上々で、開発調査室に届いた新商品のアイディアの数は一〇〇件を超えました。それらを一つひとつマーケティングの手法で篩《ふるい》にかけ、最終候補としてボイラー、カークーラー、冷凍車、焼却炉、製氷機の五つに絞り込みました。

そして、これら五つの商品を新しく開発するとして、現在活用できるサンデン現有技術で対応できるのか、それとも少し頑張って自社で開発できそうな高度新技術が必要か、さらにサンデンの現有の市場でどれだけ販売できるか、それともまったく新しい市場を開拓しなければならないかという四つのマトリックスで分析し、徹底した市場調査と需要予測を行いました。

その結果、まず冷凍車、焼却炉、製氷機はいずれも市場が小さすぎる。ボイラーとカークーラーの市場規模はかなり大きいが、ボイラーには海外市場が見込めない。それではおもしろくない。これに比べてカークーラーは世界に市場がある……などのことを総合判断して、最終的に自社開発しようと決めたのは汎用のカークーラーでした。

カークーラーといっても、自動車メーカーで車両の製造過程で装着するカーエアコンではなく、どんな車種にも取り付け可能な後付けの汎用製品の開発です。当時、日本の自動車（乗用車＋トラック＋バス）の生産台数は四〇〇万台（一九六八年実績）に達し、後付けのカーエアコンは約二〇万台という市場規模でした。折しも、一九六九年五月に東名高速道路が全線開通し、名神高速と合わせて東京―西宮を結ぶ高速幹線自動車道も完成。日本のモータリゼーションが一気に加速しようとしていた時期でした。

私たち開発調査室は、日本のカーエアコンの市場も七年後の一九七五年には一〇〇万台市場に到達すると予測し、次世代の新規事業に決定したのです。しかし、社内には「大手自動車系列でもない後発のサンデンに勝目はない」というかなり強硬な反対意見もありました。そこで私は「とりあえず三〇〇台をつくって売ってみる」というテスト販売を提案し、経営陣の了解を取り付けました。

そして、一九七〇年（昭和四五年）三月、マルエヌという国内メーカーに、コンプレッサーは輸入品（ヨーク社製）、それ以外はすべて国産の部品・付属品というカークーラーユニットを三〇〇台つくってもらいました。ラベルだけはサンデンの名を冠したテスト販売用の試作品です。これをどのチャネルで販売するか考えた末、翌月四月、ガソリンスタンドと自動車用品店のチャネルで販売したところ、瞬く間に完売してしまったのです。

じつはガソリンスタンドは、サンデンの石油ストーブの販売代理店になっているところが多く、ストーブが冬場商品なのに対し、カークーラーは夏場商品ですので、ストーブ担当の営業マンたちが一年中訪問できると喜んで販売に出向いたという背景がありました。

それはともかくとして、試験販売の成功によって社内の反対派は沈黙し、新規事業としてカークーラーを開発する方針が確定しました。反対していた経営幹部のなかには、「そんなに売れる物をどうしてもっとつくって販売しないのか。すぐに量産に入るべきだ」と一転して積極的な推進派になる人もいました。しかし、そこは「本格的な販売体制に入るにはまだ技術的問題や販売ルートなど検討課題がたくさん残っているので」と、お引き取りを願ったことがありました。

実際、完売した三〇〇台のすべての納入先から「高圧ホースが撥ねた」「低圧ホースが撥ねた」「また高圧ホースが撥ねた」という不良のクレームがあり、そのたびに技術者を派遣して対応する羽目になりました。改めて品質管理の大切さを思い知ったのです。

このことを教訓として、新しくサンデンで開発するカークーラーは、①どこよりもよく冷える、②オーバーヒートしない、③取り付けやすいことを開発の目標としました。また、後付けのカーエアコンですから、どんな車種にも取り付け可能なように、各車種に応じたマウント（車体への取り付け金具）も、以前から取引のあった旭産業の協力を得て新たに開発することにしました。開発リーダーの清水満郎さんはじめ亀ケ沢正男さんたち開発技術陣は、改めて技術も品質もすべて一流のカーエアコンづくりを心に誓ったのです。ただし、コンプレッサーはまだ米国のヨーク社製品を使うしかありませんでした。

こうして担当技術者たちが奮闘しているなかで、私のほうは新商品の販路の開拓を何とかしようと必死でした。当時、日本ではカーエアコンは輸入品が主流でした。その輸入会社のユニクラ、エンパイアといった会社や外車の輸入会社を次々に訪問して歩きました。

そんなとき、三ツ葉電機製作所（現・株式会社ミツバ）の河野専務から紹介を受け、外車やカーエアコンを輸入販売している大沢商会の担当部長と面談した際、「いま扱っている輸入品のカークーラーを、今後は国産品に切り替えたい。ついてはサンデンさん、やってみますか」という話があったのです。

新しく開発するカーエアコンは、まだ設計の段階でしたが、開発リーダーの清水さんは「ぜひやりましょう」と積極的でした。清水さんは、もともと冷蔵ショーケース技術者です。サンデンは、そのときは自製をやめて外注にしていましたので、コンプレッサーから離れ、「いつかまたコンプレッサーを手がけたい」と胸の奥に秘めていたのです。

その熱意を受けて、私は大沢商会と交渉に入りました。交渉は順調に進み、一九七〇年七月に、一万台のカークーラーユニットを一台あたり一万円で納入するという受注契約を結ぶことができました。一億円の商談成立です。三月のテスト販売で、実際に試作品をつくって完売した実績があったことも相手を説得できた要因の一つだったと思います。

さて契約は成立したものの一万台の納期は翌年二月です。残り七ヶ月しかありません。これで新商品の開発は待ったなしになりましたが、技術スタッフの渾身の頑張りで、翌年

（一九七一年）二月、ギリギリのスケジュールで第一号機を完成させることができました。サンデン製カークーラー一号機SAC—101Aの誕生です。二月いっぱいという量産品の納期もギリギリで守ることができました。のちに、最初のプレゼンテーションから納品までの私の活動日誌を捲ってみると、約一年間で私的な付き合いも含めて五〇回、大沢商会の担当の方たちと会っていました。一週間に一度は会っていた計算です。

それはともかく新規事業として取り組んだカークーラー（エアコンユニット）の製造・販売は、この大沢商会との案件が嚆矢《こうし》となり、前に進む勢いをつけることができました。その後、カーエアコン事業は、一九七〇～八〇年代の約二〇年間は、国内の後付け市場に向けた汎用エアコンの時代が続きました。

しかし、九〇年代からはグローバル・ビジネスの拡大とともに、売上の海外比率が高まり、新車組立と同時に装着する純正カーエアコンが主流になりました（図—1参照）。これらを含めて一九七一～二〇一〇年の間に生産したカーエアコンユニットの累計台数は二一〇〇万台にのぼり、サンデンの事業の柱の一つに成長したことがわかります。

アフターマーケット向けの後付け汎用エアコンの事業を、首尾よく起ち上げることができた要因として、当時はどこにもなかった販売代理店網を全国的に確立したことを、忘れてはならないでしょう。多くの製造業に見られる「よい製品だから売れるはず」というプロダクトアウトの考え方ではなく、実地のマーケティングで学んだ顧客指向の考え方に立ち、顧客接点となる販売代理店を重視し、同時にそこを通じて価格破壊を防いだことが、事業として成功した要因の一つだった、と私は考えています。

しかし、本書の主題であるグローバル化の沿革という観点から見れば、サンデンをグローバル企業に押し上げた最大の貢献者は、このときのカーエアコンユニットではなく、その心臓部となる小型SDコンプレッサーの開発でした。従って、ここまでは、サンデンが本格的にグローバル展開する前の、いわばプレヒストリーということになります。

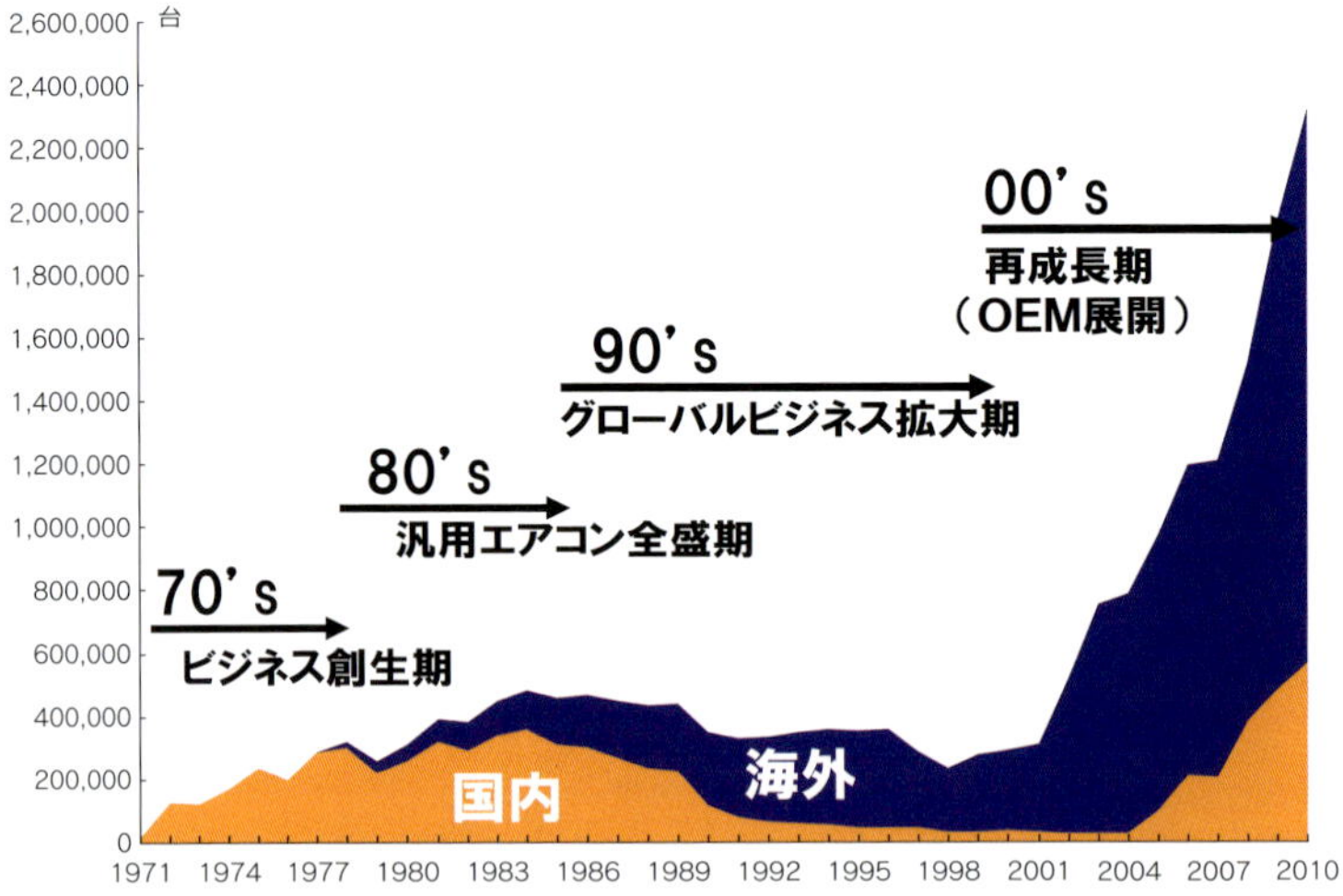

図－1　カーエアコンの年間販売推移

第二章

SDコンプでグローバル市場へ

ミッチェル社から技術提携の打診

サンデンをグローバル企業へと押し上げてくれたのが、カーエアコン用の小型ＳＤコンプレッサーの開発だったことは前章で述べた通りです。では、それがどういう経過で開発されたのかといいますと、きっかけは、米国ミッチェル社からの技術提携の打診でした。ちょうどカーエアコンユニットのテスト販売の実施を目前にしていた時期のことです。

その当時、エアコンの心臓部となるコンプレッサーは、米国製で箱形の２気筒レシプロ式が主流でした。この箱形コンプレッサーは、もともと大型車の多い米国車向けにつくられていたので、サイズが大きく、その分だけ振動も大きいという弱点がありました。小型車の多い日本車に装着するには、もっと小型で軽量、高性能のコンプレッサーを開発する必要に迫られていました。

サンデン技術陣には、すでに冷凍・冷蔵ショーケースを開発したとき、それに使う密閉型コンプレッサーを開発した経験があります。その密閉型コンプレッサーは、その後、コストがかかり過ぎるという判断から自製をやめ、外製に切り換えていました。その経験から、技術陣の間では、「次世代のコンプレッサーを開発するならレシプロ式ではなく、もっと小型・軽量のロータリー式タイプだよね」という議論はしていたのですが、具体的には何も進んでいませんでした。

そんなおり、あれは一九七〇年の二月か三月だったと思いますが、取引先の小倉クラッチ株式会社の小倉一郎社長から、「米国のミッチェル社が、新しくつくったコンプレッサーを委託生産できる会社を探している」という話があったのです。しかも、ミッチェル社から技術営業の人が来日しているので、会って説明を聞いてみてはと言うのです。

ミッチェル社といえば、前年に父・海平社長と二人の海外視察で訪問したばかりのテキサス州ダラスの会社です。当時、ダラス近郊は、後付けカーエアコンのメーカーが集積する地域でしたが、そのなかでもミッチェル社は全世界に代理店網を持ち、後付けのカーエアコンを年間二〇万台以上製造・販売している会社でした。

しかし、コンプレッサーだけは他社製品を使っていました。それがここにきて、5シリンダーの揺動板式という画期的な小型コンプレッサーを開発したのです。ところが、北米のコンプレッサーメーカーは、これにまったく興味を示さなかったと言います。そこで、優れた精密加工技術を持ち、コストも米国よりも安く生産できる日本のメーカーに委託したい、というのです。

新型コンプレッサーの実物は、来日していたミッチェル社の技術営業社員ウェイン・フォーゲルストロームと会って実際に見せてもらいました。これまでのレシプロ式と比べて非常にコンパクトに出来ていることがよく理解できました。「これはどういう仕組みで動くのですか」と尋ねたところ、彼は「ハツカネズミが中にいて走って動かしているんです」と冗談を言い、「もし内部の機構まで見たければ、ダラスに来てください。設計技術者がきちんと説明します」と言うのです。

サンデンにとっては、願ってもないチャンスです。私は、すぐに訪問する用意があることを伝え、その二ヶ月後（一九七〇年五月）、当時の設計課長で冷蔵ショーケースに付ける密閉型コンプレッサーを開発した経験を持つ豊田博さん（のち常務取締役）と、生産担当専務の大島岩雄さんとともに、ダラスのミッチェル社へと飛び立ちました。仲介者の小倉クラッチ社長と、同社製品を販売している東洋クラッチの創業者・社長である高橋正義さんにも同行していただきました。実際に現物の詳細を見て、性能、使い勝手、品質、安全性などを確認し、契約条件などについての説明を受けるためです。

あとから聞いた話ですが、ミッチェル社はサンデン以外にデンソーやヂーゼル機器にも打診していました。しかし、デンソーは断り、ヂーゼル機器はまだ回答を保留にしていたようで、サンデンの素早い対応をミッチェル社は好意的に受け止めてくれました。

早速、同社の新型小型コンプレッサーの現物と図面を見せてもらい、説明を受けました。それは、これまでのレシプロ式とはまったく異なる5シリンダー揺動板式で、傘ギアを用いた揺動版回転阻止機能のついたコンプレッサーでした。大きさは従来の2分の1、振動が少なく音も静かです。同行した豊田課長は、同製品の構造やメカニズム、構成する部品の材質、形状、寸法などを綿密にチェックし、メモを取り、製造コストについても計算し、「わが社でやれそうです」と乗り気です。私も、これで懸案だった小型・軽量・静粛のコンプレッサーの技術を獲得できると思い、技術提携を進める決心をしました。

日本に戻ると、豊田課長は、ミッチェル社で作成した綿密なメモと記憶をもとに独自に図面を起こし、生産技術課に試作品をつくってもらいました。もちろん、ミッチェル社の図面の実物は、契約前なのでまだもらっていないため、細部の寸法などは入っていない図面です。それでも生産技術課は、短期間のうちに5シリンダーの揺動板式小型コンプレッサーの試作品をつくり上げました。そして、実際に動かしてみたところ、見事に動いたのです。サンデンの技術水準の高さを示すエピソードと言えます。

ミッチェル社との技術提携は、サンデン経営陣の最終的な承認を得て、一九七〇年七月に正式な技術提携契約を結びました。外国企業との契約書の作成は、私にとっては富士電機時代に経験している仕事です。ロサンゼルス在住で伊藤忠商事株式会社に勤務する私の友人に弁護士を紹介してもらい、指導を受ける一方で、契約原案は法務担当の久保井正治さん（のちＳＡＭ社長）に重要なポイントを伝えて作成してもらいました。

契約の骨子は、①サンデンはミッチェル社の技術提供を受けて同社設計の揺動板式コンプレッサーを独占的に生産する、②その販売権は、サンデンは日本国内に限定され、③北米ほか日本以外の国・地域はミッチェル社が販売権を持つ、という内容でした。

ちなみに、契約金は三〇万ドル（当時一ドル三六〇円なので約一億円）を要求されました。そこで私が交渉して、頭金は契約時に一〇万ドル、量産に入ったときに一〇万ドル、その後に一〇万ドルと三回に分割してもらいました。当時、サンデンの年間売上が一〇〇億円という時代ですから、分割とはいえ一億円の頭金は社長の父はじめ経営者にとっても非常に厳しい決断だったと思います。

SDコンプレッサーの誕生

(1) 日米で違う寸法の換算問題

業務提携契約の調印が終わると、すぐにミッチェル社から小型コンプレッサーのプロトタイプと英文の図面が届き、いよいよサンデンで試作機をつくる段階に入りました。

このときサンデンで発足させたプロジェクトは「Tプロジェクト」と呼ばれました。当初のメンバーは、工場長の土谷幸三郎をリーダーに、豊田博設計課長と石川紀夫さん(のちに技術部長)、生産技術から落合恒夫さんの四人です。石川さんは以前、冷凍ショーケースに使うコンプレッサーの設計に携わっていた経験を持っています。

彼らが使う部屋は、秘密保持のためにパーテーションで仕切られ、許可された人間しか入室できないようにされていました。特にミッチェルから届いた図面は、鍵のかかる戸棚に厳重に保管し、秘密保護の徹底が図られました。

Tプロジェクトの最初の仕事は、ミッチェル社から送ってきた英文の図面を日本語の図面に直し、それをもとに切削部品を調達して組み立て、テスト用サンプルをつくることです。しかし、英語の図面を日本語の図面に直すためには、日米で用いられる尺度や仕事の慣習の違いから生じる問題点を克服しなければなりませんでした。

たとえば、インチ寸法をミリ寸法に変えるとき、丸め方をどうするか、という問題がありました。これについては、できれば小数点のない数字が好ましく、無理なら小数点以下1桁、重要部分は小数点以下2桁とする。部品を日本で調達することを考えて、「1／4」「3／8」のボルトは、それぞれ6ミリ、8ミリのスタンダードにする。また、できるだけJIS規格に合わせることなどを工夫しなければなりませんでした。これらのことから、日本語図面の作成は最初に思ったよりかなりの時間がかかってしまいました。

それからしばらくして、ミッチェル社から設計技術者のフレッド・ポコーニー氏がライセンスの技術の引き渡しのために来日し、技術指導をしてくれました。その通訳は私が引き受けたのですが、そのお陰でコンプレッサーについて私自身もより精確に理解することができました。

しかし、ここでもTプロジェクトの技術者は難しい問題に遭遇したといいます。当時を振り返って、石川さんは次のように話していました。

「彼らは、質問には答えてくれますが、自分からは教えようとはしません。私たちが勉強して質問しない限り、何の回答も説明も得られないのです。まして、言葉は英語です。通訳もなしですから、質問するのにそれは苦労しました」

技術者たちが苦労したのは、それぱかりではありません。ボルトサイズやピストンリングのサイズの変更は了解を得られたのですが、クラッチアマチュアの固定ナット、オイルフィラープラグねじのミリ化は認められませんでした。

内部部品についても、材質変更を数多く提案したのですが、一切認めてもらえませんでした。このため、普段はコストを考えて使用を控えるニッケルクロムモリブデン鋼などの高級材料を、使用することになりました。しかし、それが結果的に開発期間の短縮に繋がったと言います。ミッチェル社の設計の「高級材料の採用は、開発期間を短くする」という言葉は、いまも石川さんたち技術者の心に残っている言葉です。

石川 紀夫氏

ミッチェルの技術者が帰ったのちも、難しい問題は残っていました。たとえば、プロトタイプのコンプレッサーは、軽量といってもまだ予想以上に重かったのです。このままでは量産化はできません。どうするか考えた末、シリンダーブロックとシリンダーヘッドはアルミダイカストに替えることで軽量化することにしました。

こうして何とか部品を揃え、試作1号機を組み付ける段階に入ったのですが、ここでまた思わぬトラブルに遭遇します。動かしてみると、シリンダーの中にピストンが入っていかないのです。豊田課長や石川さんたちは深夜まで頑張ってみましたが、どうしてもうまくいきません。

豊田課長から「今日はここまでにしよう」といわれて帰宅した石川さんが、翌朝出社すると、すでに課長が出社していて「石川、組めたよ」と満面の笑顔です。豊田さんは、前夜、いったん帰宅し、食事を済ませた後、ひとりで会社に戻って、朝まで調整作業を続けたのです。石川さんは、豊田課長の粘り強さに感服したといいます。ちなみに二人は秋田大学の先輩後輩の間柄でもありました。

こうしてその年(一九七〇年)一二月、手作りによる試作品第1号機、シリンダー容積約8立方インチ(138cc)のMC508型が誕生します。そして、明くる一九七一年一月、いよいよ耐久テストが始まりました。このテストは、国際自動車空調協会(IMACA)のスペックに則って実施しました。低速800rpm・500時間、高速5000rpm・400時間、超高速6000rpm・8時間、合計908時間という耐久テストです。

IMACAはカーエアコンのアフターマーケット関係会社でつくる団体で、ダラスに本部があり、独自の技術スペックを持っていました。そのスペックをクリアしたカーエアコンやコンプレッサーは、業界で採用されるときの一つの基準となっており、後には自動車メーカーも使うようになりました。サンデンはミッチェル社との技術提携によってIMACAに加盟し、その技術スペックを手に入れていたのです。

このIMACAスペックに則った耐久テストを始めたところ、また問題が発生しました。一つはゲージの配管の破損でした。最初は銅パイプを使ったのですが、コンプレッサーの振動ですぐ破損してしまったのです。そこで銅パイプをゴムホースに替えたところ、トラブルは収まりました。

ところが、次の日、もっと衝撃的な事故が起きます。朝、出勤すると、守衛さんが「大変です。コンプレッサーが真っ赤になって破損しています」と慌てた様子です。駆けつけてみると、試作1号機のシリンダーブロックが中央から真っ二つに割れていたのです。

ピストンリングの寸法が大き過ぎたのが原因でした。英文の図面を日本の図面に起こし直したとき、寸法のインチをミリに換算して書き直したのですが、日本でピストンリングを調達するときは35ミリ径とか40ミリ径とか日本基準のものを使います。インチを換算すれば37.998ミリ径というふうになりますが、そんな端数の径は日本基準にはありません。そこから微小なズレが生じ、組み付けが難しかったのは事実です。

さらに英文の図面では、シリンダーとピストンリングのクリアランスが5ミクロンという非常に狭い設定でした。ミッチェルのプロトタイプはシリンダー、ピストンリングとも鉄製だったので膨張係数が同じで連続回転して高温になっても問題は生じなかったのですが、サンデンがつくる試作1号機MC508型は軽量化するためにシリンダーヘッドをアルミ製に取り換えていました。片や鉄、片やアルミで、当然、膨張係数は異なります。シリンダーブロックが割れたのは、膨張率の違いで膨らみができ、嚙ってしまったのです。

破損事故に衝撃を受けたTプロジェクトは、設計図面をもう一度最初から見直し、寸法を細部まで修正しました。その結果、組み付けも格段と良くなったといいます。

(2) 海外で試作品の市場テスト

耐久試験は、その後も続けました。クラッチベアリングの焼き付きやメインシャフトの剥離などいくつかの問題が発生しながらも、Tプロジェクトはひとつずつ粘り強く解決していき、二月にはついに改良を加えた一〇数台のMC型第一次試作品を完成させたのです。さっそくその一部をダラスのミッチェル社に送り、実際にカーエアコンに組み付けて車に装着し、走行しながらデータを測定する市場テストを実施してもらいました。テスト結果は良好で、ミッチェル社は出来映えを高く評価してくれました。

サンデンも独自に群馬の本社工場、香港、バンコクの三ヵ所で市場テストを実施しました。香港とバンコクにはミッチェル社の支店があり、協力してもらえるだろうと思ったのと、日本での市場テストに拘るなら夏まで待たなければならないが、香港やバンコクなら三〇度を超える暑さだからカーエアコンの市場テストに向いている、そうすれば開発スピードも落とさなくてもすむ、と考えたからです。

ちなみに、このときの香港支店にはブライアン・テイラー、バンコク支店長はボブ・ジョーンズという英国人でした。奇しくもこの二人は、その三年後にサンデンに入社し、私の片腕として働いてくれることになる人物です。彼らとの最初の出会いが、この市場テストのときだったのです。

このとき派遣された担当技術者は石川紀夫さんで、私と二人で最初は香港に寄り、次いでバンコクに赴きました。石川さんは初めての海外出張で、しかも、走行中の車内温度や湿度の変化など一〇数項目に及ぶデータを測定するためのさまざまな機器やインバータなど、大変な手荷物を抱えていました。そのうえ英語も片言程度だったので、非常に不安だったと思います。

その不安が的中したというべきか、バンコクに到着した日の空港で、石川さんが持ち込んだ大量の測定器具が不審物と見なされ、税関がなかなか通してくれないというトラブルに見舞われました。そこで私が交渉し、結局、一〇〇ドルを支払ってやっと通してもらったのです。

その翌日から、石川さんにとってはさらに心細い事態になりました。市場テストを彼一人に託して、私が予定していた次の訪問地、マレーシアとシンガポールに市場調査のために旅立ってしまったからです。しかし、私にとってもこのときが初めての東南アジアのマーケットリサーチでしたから、重要な旅であったことは間違いありません。シンガポールでは、サンデンの営業の山田輝夫さんのおじさんの紹介で、ジャーデン・サイクル・アンド・キャリッジなど有名な自動車ディーラーを頼りに、いろいろと調査をして回った記憶があります。

さて、石川さんのほうは、私が去った日から一週間ほど、バンコク支店の技術営業の人に路上走行の運転を頼んで、一人でエアコンの測定データを取り続けました。バンコク支店の人は日本語ができませんから、コミュニケーションはすべて片言の英語です。「必死だったので何とかやれた」というのが石川さんの後日談です。

ともかく、こうしてMC型第一次試作品の市場テストは完了し、テスト結果から得た問題点に改良を加えた後、工場で新たに一〇〇個の第二次試作品を組み立てました。すべてのコンプレッサーに番号を付け、誰がつくったかを明確にし、耐久テストに出しました。そこでトラブルがあれば、原因を追究し、もし作業者のミスであれば、次回は作業から外すという厳しい措置をとりました。完璧なコンプレッサーをめざして、全員に正確な作業を求めたのです。

第二次試作品の多くは、販売店などでの市場テストに回されました。開発技術陣も販売店を訪ねて回り、テスト結果を聞いて歩きました。直接ふれ合うことで販売店との信頼関係が生まれ、のちのちの情報収集がやりやすくなったといいます。競合他社のカーエアコンについての評価も聞くことができるようになったのは、大きな収穫でした。

この市場テストの評価データは一〇月までに集約され、十二月（一九七一年）、本社工場で量産体制が整えられました。日本国内では後付けの汎用エアコンに組み込んで販売し、海外はミッチェル社にコンプレッサーを納入（輸出）するための生産体制です。

こうして市場に投入されたコンプレッサーは、ミッチェル社にちなんで「ＭＣコンプレッサー」と命名されました。ただし、ミッチェル社は、北米で販売する際は「アバカス」というブランド名で販売しました。サンデンが全世界の販売権を得たのちは、「ＳＤコンプレッサー」に商品名を統一しています。

最後発から日本のトップ企業に

「ＭＣコンプレッサー」を組み込んだサンデンの汎用カーエアコンは、一九七一年一二月に量産が開始されましたが、直後から予測をはるかに超えた反響があり、短期間のうちに日本の後付けカーエアコン市場を席巻した形になりました。夏場には注文電話が殺到し、営業部員は席を離れる間もなかったほどです。その販売台数は発売からわずか二年目で年間一五万台を超え、生産台数は累計で三〇万台を超えました。

当時の日本では、まだカーエアコンがライン装着してある車種は少なく、ほとんどが後付け装着でした。競合他社も多く、日本電装（現デンソー）、ヂーゼル機器、日立、セントラル、クラリオン、セイコウ精機、ナショナル、ヨーク、三菱電機など一〇数社が覇を競っていました。そこに最後発で斬り込んだサンデンが、厳しい競争に打ち勝って、いちやくトップメーカーに躍り出たのです。

大ヒットの要因は、何と言っても「コンプレッサー」のもつ製品力にありました。従来の箱型レシプロ式と比較すると、５シリンダー・揺動板式のこのコンプレッサーは、小型・軽量で、大きな負荷がかからないためスムーズに回転するので振動が少なく、その分だけ音も静か、という高い評価を受けたのです。

じつは、「MCコンプレッサー」は、量産開始した当初は、まだ完全に品質が安定したとはいえない状態にありました。同コンプレッサーを組み込んだカーエアコンを取り付けたユーザーから、さまざまなトラブルの報告があり、そのたびにサンデンの技術者たちが訪ねて対応していたのです。なかでも多かったのは、コンプレッサーをエンジンに取り付ける部分の金具が折れてしまうというトラブルでした。

その原因は何かを追究し、画期的な発明技術を加えて品質を安定させたのは、平賀正治さん（のち取締役技術本部長）をはじめ、清水茂美さん、寺内清さんらコンプ技術課の技術者たちでした。彼らの貢献がなければ、「MC（SD）コンプレッサー」がユーザーからあれほど評価され、市場を席巻することもなかったでしょう。

平賀正治さんは、東北大学大学院で超音波の研究に取り組み、博士号を取得した経歴を持ち、入社は一九七二年四月。ちょうど「MCコンプレッサー」の量産が開始されて三ヵ月が経った頃でした。平賀さんは、牛久保誉夫専務の指示で、入社してすぐ翌日から「MCコンプレッサー」の品質トラブルを解消し、性能をアップさせるための仕事に従事したといいます。その当時を回想して、平賀さんは次のように話しています。

「トラブルの原因は、回転したときにダイナミックバランスがとれないようになっていた構造にあったのです。回転数を高くすればするほど、ダイナミックアンバランスがあるとしたら、それは振動が原因でしょう。もともとミッチェル社のプロトタイプには内部にアンバランスを取るためのウエートがあったのですが、それをより小型・軽量化するために切ってしまった。それを切ってもテスト段階では低回転なので不具合がわからなかった。ブンブン振れるのは高回転にしないとわからないんです。

それをすぐに突き止めて、治そうと思ったのですが、もう生産ラインが設定されていました。そこで、コンプレッサーの中ではなく、外のクラッチの板にアンバランスを吸収するウエートを付けるという方法で問題を解決しました。これは、まず日本国内の特許として出願し、米国の特許も取得できる元になった技術です」

平賀さんたちコンプ技術課の技術者たちは、この技術のほかにも同じように米国特許を取得することになるもう一つ別の技術も発明しています。それはコンプレッサー内で、ピストンがいちばんトップに行ったときに残っているガス量（再膨張容積）を最少にするための技術です。また、オイルリングの潤滑に関する技術も発明して特許を取っています。

平賀さんは、これらの技術を含めてMC（SD）コンプレッサーの改良に関連して出願した特許は一四〇くらいになるとして、次のように話しています。

「これらの追加の技術開発なしには、揺動板式のMC（SD）コンプレッサーを世に出すことはできなかったでしょう。また、国際特許でその技術を守る戦略をとったこともその後の事業展開を有利に導いた要因といえます。私たちと協力して出願の手続きを担当したのは松本和比古（のち法務部長）さんでしたが、彼の貢献も大きかったと思います」

平賀さんたち開発技術者の奮闘・努力に加えて、周到に準備してきた販売戦略なしには市場を開拓していった営業担当者の突破力もまた忘れてはならないでしょう。私たちには、かつてテスト販売で、完売したカーエアコン全数に不良が発生し、その対応で営業担当者も技術者も全国を飛び回らなければならなかったという苦い経験がありました。

また、例えば大阪支店がテリトリーを超えて四国地域に売ってしまうといった、代理店管理の杜撰さから起きるトラブルも多々ありました。そうした苦い経験を踏まえて、私は山田輝夫さんたち営業の幹部たちとともに、ＳＤコンプレッサーの改良・開発と同時進行の形で、販売戦略を徹底的に練り上げたのです。

テスト販売時の轍を踏まないために立てた販売戦略の柱の第一は、他社製品と差別化するため次のセールポイントを明確にしたことでした。すなわち①従来のレシプロ方式ではないロータリー（ＳＤ）コンプレッサーなので耐久性があり、振動が少なく音も静かであること、②コンプレッサー（圧縮機）単体ではなく、コンプレッサー＋エバポレーター（蒸発器）＋コンデンサーの主要機器に、コンプレッサーを乗せるマウントキットなど周辺機器をセットしたトータル空調システムであること、③日本で発売されている九九％の車種に装着できること、これらを全社的に徹底させたのです。

さらに、これらセールスポイントを車のユーザーに徹底的に訴求するため、「どんな車にも取り付け可能」「高性能ロータリーカーエアコン」と訴えるラジオCMを朝夕流しました。店頭プロモーション用のSP旗もつくって配布しました。ちなみに「ロータリーカーエアコンコンプレッサー」の名称は、当時、マツダのロータリーエンジンが話題になっており、言葉の響きがいいのでMC（SD）の別名として宣伝用に付けたものでした。

販売戦略の柱の第二は、自前の代理店網の構築です。代理店は三段階に分けて整備しました。まず、年間一万台規模の販売力を持つ「スーパー代理店」を募りました。

じつを言うと、最初にその話を持っていったのは、以前一万台のエアコンユニットを買ってくれた大沢商会でした。もしコンプレッサーの販売権を全部よこせと言われたらどうしようと思いながら、「五〇〇〇台扱ってほしい」と申し入れたのですが、そのときは、同商会の専務から「そんな訳の分からない新しいもの扱って大丈夫か」と拒否されてしまったのです。しかし、湯浅電池、エンパイア自動車、オートバックスの前身の大豊産業、中央発條などの大手企業とともに、最終的に大沢商会も「スーパー代理店」になってくれました。

サンデン社内ではこれを「S代」と呼び、北海道から九州まで全国的に「サンデン会」

を発足させました。シーズンが終わると各支店単位でS代との反省会と懇親会を開き、次年度の生産計画のデータとしました。

このスーパー代理店の下には、年間五〇〇～一〇〇〇台の販売力を持つ「中核代理店（通称A代理店）」を開拓しました。さらにその下に、年間五〇台以上は販売できることを条件に全国から登録特約店を募りました。サンデンは、この三段階の代理店をサンデンの主導権のもとに管理し、販売施策をきちんと守ってくれる代理店には奨励金を出す制度を確立しました。また、市場トラブルに対応するため、当時全国一〇くらいあった支店に技術担当者を置き、素早い対応がとれるようにしました。

これらの施策と関連して、「日本車ならどんな車にでも装着できる」という態勢も準備しました。この施策は、代理店からは機会損失がないので喜ばれましたが、サンデンにとってはじつは大変なことでした。後付けですから新しい車が出るとすぐ入手して、それに合ったコンプ、エバポレーター、コンデンサー、それからマウントのブラケットなどの組み合わせを考えて、その新車用のカーエアコンセットを開発する体制をつくりました。

本体ベース（コンプレッサー、エバポレーター、コンデンサー）約三〇種類／年と車両に取り付けるマウントキットで約一〇〇種類／年が短期間で開発されました。これらを管理するのは工場側も大変で、結局事業部のほうで来年はどの車種がどのくらい売れるという需要予測を出してリードし、短期間のうちに開発をしていくようにして、製・販が一体となった体制をつくったのです。

こうした準備をした結果、「MC（SD）コンプレッサー」を装着した汎用カーエアコンの販売は絶好調で、ミッチェル社へ「MCコンプレッサー」単体の輸出も拡大するなか、従来の本社工場だけではとても生産が追いつかないという問題が浮上しました。

その解決のために、新しく伊勢崎市八斗島に敷地面積三万九六〇〇㎡、工場建坪六六〇〇㎡、生産能力年間三五万台というコンプレッサー専用工場を建設し、一九七三年四月、操業を開始しました。急伸する国内需要と海外輸出の双方を見据えての思い切った設備投資でした。

ちなみに、この年の八月、サンデンは東京証券取引所の一部上場企業に昇格し、同時に商号を外国でも親しみやすいように社名を三共電器から「サンデン」と改めました。奇しくも一九七三年は創業三〇周年に当たり、群馬の町工場から出発したサンデンは、三〇年の歳月を経て一流企業の仲間入りをしたのです。

コンプレッサーの全世界販売権を取得

創業三〇周年のこの年、もうひとつ、サンデンの未来図を大きく変えてしまうほどインパクトのある出来事がありました。ミッチェル社から、同社の経営が行き詰まっている、ついては技術ライセンスだけでなく、アメリカほか世界全地域で販売する権利も売却したい、という打診があったのです。

サンデン製のＳＤコンプレッサーが市場に出るまで、アメリカではエアコンのコンプレッサーはほとんどがボルグワーナーという大手企業の関連会社であるヨーク社がつくっていました。当時のアメリカ車はエンジンが５０００ｃｃなんていうのはごく普通で、とにかく巨大でした。したがってエアコンも大きくて、コンプレッサーはレシプロ式ツーシリンダーを使っていました。このため振動が異様に激しく、耐久性も悪く、よく故障しました。

そんななか、一九七一年にミッチェルと技術提携したサンデンのコンパクトなＳＤコンプができたのですが、その二年後、一九七三年に第一次オイルショックがあり、アメリカでも燃費のいい車を求める傾向が出てきました。サンデンのＳＤコンプレッサーは小型だけども耐久性がよく、しかも安いので、どんどん売れました。まさに時代にフィットした商品だったのです。

ところが、ミッチェル社にしてみれば、売れれば売れるほどサンデンからの輸入が増えます。その輸入代金はL／C（信用状）取引でサンデン側からの輸出の船積みが済めばB／L（船荷証券）が発行され、すぐに銀行決済に回りますが、ミッチェル社が世界中に販売した場合の代金決済は、販売相手によって回収期間はさまざまです。そこにどうしてもタイムラグが生じるため、売れれば売れるほど資金繰りが苦しくなってしまったのです。

ミッチェル社は、この危機を乗り越えるために、当初、三井物産にファイナンスを依頼しようとしたのですが、サンデンには三菱商事と長年の関係があるため、三菱商事に依頼してファイナンスを引き受けてもらった、という経過がありました。しかし、それでもミッチェル社の経営は改善しなかったのか、一九七三年九月頃、サンデンにコンプレッサーの全世界販売権の買い取りを求めてきたのです。

このとき、三菱商事がファイナンスだけでなく全世界の販売権を手に入れて、自分でコンプレッサーの販売を手がけようとした動きが感じられましたが、真偽のほどは定かではありません。商社は海外人材も揃っていて、国際貿易の実務にも長けています。メーカーは生産に集中して、海外販売は商社に任せてしまえば、リスクも低く、こんなに楽なことはないかもしれません。実際に、ミッチェル社向けに納入していたSDコンプレッサーの輸出業務は、三菱商事に扱ってもらっていましたから、この事業の将来性も十分に熟知していたはずです。

しかし、商社任せにすれば、サンデンの主体性はなくなり、グローバル企業に発展していく道筋も見えなくなってしまうでしょう。そう考えて、私はやはりどんなに厳しくても、サンデン独自で海外販売を手がけて行く道を選ぶことにしました。それに、これまで国内販売を手がけてきた経験もあり、何よりもこれから先の世界のモータリゼーションの進展とカーエアコン(コンプレッサー)の売れ行きについて、市場リサーチをした結果にもとづく私なりの勝算があったのは事実です。

ミッチェル社との世界販売権の買い取りをめぐる交渉は、ハワイで一週間をかけて行いました。驚いたのは、そこにミッチェル側の交渉窓口として出席したのが、SDコンプの試作品を市場テストをするとき、バンコクで快く協力してくれたボブ・ジョーンズと香港でお世話になったブライアン・テイラーだったことです。交渉相手に恵まれたこともあり、交渉はスムーズに進みました。その後、細かい条件の詰めを慎重に行ない、年が明けた一九七四年一月、正式調印にこぎつけたのです。

そこまでの経緯を、のちにサンデンに移籍するボブ・ジョーンズは、次のように記しています。この回想記は、サンデン七〇周年を記念して、二〇一三年三月、サンデンのスタッフがインタビューした内容を要約したものです。少々長くなりますが、彼なりの考え方が

契約調印するミッチェル社とサンデン

よく出ていると思いますので、ここに引用しておきます。

〈私は、一九六〇年代にJohn E. Mitchell Company（ジェムコ＝ミッチェル社のこと）に入社しました。ジェムコが生産する新しい自動車エアコンの技術やエアコン取付けを顧客の技術者やテクニシャンに指導することが仕事でした。担当範囲は日本を含め東南アジアであり、実際に住んでもいました。日本には、六〇年代に何度か訪れましたが、その当時の三共電器についてはまったく認識がありませんでした。

ジェムコは5シリンダーコンプレッサーの権利を持っていましたが、製造工場はなく、量産できる技術をもっていませんでした。この点、日本の企業は、六〇年代にはすでに精密機械や電子製品のマスプロ技術の面で高い評価を得ていました。いっぽう、マイクさん（私＝牛久保雅美のこと）と父・海平さんは、三共の成長ビジネスを積極的に探していました。最終的にサンデンとミッチェルが相互の利益のために出会ったのです。この二社の契約の一部は、サンデンが当初のテスト用サンプルを提出するというものであった。

私は、一九七〇年にはバンコクに住んでおり、そこで初めてマイクさんに会いました。彼はコンプ三台と若い技術者とやって来ました。二台のコンプはベンチテストに使われ、一台を自分の社有車にサンデンの若い技術者が取り付けてくれました。その彼とは石川紀夫さんのことであり、後にサンデンの技術開発部長になった人です。テスト結果ははじめから良好で、日本での量産の認可と準備が開始されました。

ボブ・ジョーンズ氏

その後、私は、一九七二年にダラスの本社に帰任しましたが、ジェムコからの最初の注文書の日付は一九七二年四月二七日で、コンプ四〇〇〇台の注文でした。ジェムコがアフターマーケットの全顧客に販売し、生産量を上げコストを下げるため、ブランド名を「アバカス」としました。

その翌年、ジェムコの社長から会社の新方針で最優先すべきこととして、自分と同僚のブライアン・テーラーにコンプビジネスをサンデンに売却することを命じられました。交渉が始まり、サンデンが世界的な技術権、開発権、そして販売権を購入することになりました。契約調印は一九七四年一月で、マイクさん、天田鷲之助さんが署名しました。

契約内容は、非常に細かく、完璧で、細部にわたっていました。そのなかには、将来、顧客になるであろう自動車メーカーの名前が列挙されていました。VW、プジョー・シトロエン、ルノー、フィアット、サーブ&ボルボなどであり、同様に、北米、ヨーロッパ、メキシコ、ブラジル、ベネズエラ、南アフリカ、オーストラリア、イラン等々も地域として挙げられていたのです。

それを知ったとき、私は自分がいま交渉している相手の企業が、グローバルでどの方向に行くか明確なヴィジョンを持ち、ダイナミックでプロフェッショナルな企業であることを理解しました。そして、自分の将来も、サンデンにあると思ったのです。直ぐにマイクさんから正式に採用されました〉

最後のくだりには、すこし説明が必要かもしれません。じつはハワイでの交渉のあとで、私はボブ・ジョーンズとブライアン・テイラーの二人に、サンデンがこれから全世界の市場でSDコンプレッサーを販売してゆく際の先導役として働いてくれないかと依頼したのです。技術提携先の優秀な社員をリクルートすることは、グローバル化が進んだ今日ではよくあることですが、当時としては思い切った提案だったかもしれません。幸い、二人は私の申し出を受け容れてくれました。この件はミッチェル社の社長にも報告し、了解を

SDコンプレッサー

もらうことが出来ました。海外ビジネスの経験豊富なボブとブライアンが移籍してくれたことは、私をどれだけ勇気づけてくれたか、計り知れないものがありました。

こうしてサンデンは、カーエアコン用の小型ＳＤコンプレッサーの市場拡大をめざしてアメリカ、アジア、ヨーロッパとグローバルにビジネスを展開していくことになるのです。

前にもふれましたが、「ＭＣコンプレッサー」はサンデンが全世界の販売権を取得したのを機に「ＳＤコンプレッサー」と改称され、今日までユーザーの根強い支持を得てきました。サンデン七〇年の歴史のなかで、グローバル市場への道を拓いたという点では、この製品の右に出るものは、まずありません。

第三章

自動車王国アメリカに進出——SIAの歩み

海外展開のための基礎づくり

一九七四年（昭和四九年）一月、ミッチェル社との世界販売権を買い取る契約の調印が終わると、すぐに取りかかったのは、海外展開の具体的なロードマップをつくることでした。海外拠点はどの国からつくっていくか、派遣する駐在員ほか海外ビジネスに対応できる人材をどう確保するか、ミッチェル社の世界代理店網の扱いをどうするか、など早急に取り組むべき課題が山積していました。

まず海外拠点ですが、当時の世界のモータリゼーションの進展状況を見ると、たとえば乗用車の保有台数は、一九七三年の統計で第一位がアメリカ約一億一五八万台、第二位はドイツ約一七〇四万台、第三位がフランス一四五五万台、第四位が日本一四四七万台、第五位はイギリス約一三八二万台という順でした。アメリカは、ドイツの約六倍、日本の約七倍の保有台数です。

いっぽう、同年の乗用車生産の状況を見ると、第一位はやはりアメリカで約九六七万台、以下、日本四四七万台、ドイツ約三六五万台、フランス約三二〇万台、イタリア約一八二万台、イギリス約一七五万台という実績でした。アメリカは日本の二倍強の生産量です。イギリスを除く各国とも前年比で一〇％程の伸びを示した数字です。これらの統計は、いずれもアメリカが、飛び抜けて巨大な自動車市場であることを示し、同時に西側先進国でモータリゼーションが着実に進んでいることも示唆しています。

当然のことながら、自動車関連機器であるカーエアコン（コンプレッサー含む）のビジネスを展開するなら、やはり自動車王国アメリカに最初の拠点を置くべきである、ということになります。

そのアメリカで自動車産業のメッカといえばデトロイトですが、後付けのアフターマーケットのカーエアコンの本場はテキサス州です。その中核都市がダラスですが、カーエアコンは半年以上が三〇度Cを超えるこの街で誕生しました。そういう背景があるため、ダラス近郊には後付け（汎用ともアフターマーケットとも呼ばれる）カーエアコンメーカーが集積し、しのぎを削っていました。そこにはサンデンのＳＤコンプレッサーの見込み客、潜在顧客が集中しているのです。

こうした点を考慮して、私は最初の海外拠点をアメリカのダラスにしたいと思い、ミッチェル社から移籍したブライアン・テイラーとボブ・ジョーンズの二人にも相談しました。その結果、ダラスとシンガポールの二都市にサンデンの最初の海外拠点をつくることにしたのです。そして、ブライアンは北南米のアメリカ市場の営業担当副社長とし、バンコク駐在だったボブはシンガポールに赴任し、アメリカ市場を除くアジア市場と欧州市場の双方を開拓する役割を担ってもらうことにしました。

次なる課題は、海外ビジネスを担う人材の確保でした。サンデンには、自転車用発電ランプや冷凍・冷蔵ショーケースの輸出業務を通じて、国際ビジネスを経験した社員が何人かはいましたが、ほとんどは未経験者ばかりです。SDコンプレッサーを開発し、ミッチェル社に納入するようになっても、サンデンは生産して積み出し港の流通拠点に届けるだけでよく、特別な海外人材は必要なかったといえます。

しかし、これからは、本格的に海外展開をしていくには、英語が話せて技術的対応も出来る人材がどうしても必要になります。といっても、それを社内で育成するには相当な時間がかかります。したがって、短期的には海外業務経験を持つ即戦力を採用して対応し、長期的には若手社員に経験を積ませて育成するという二段階構えで臨むしか方法がありません。

そこで、新聞広告による募集のほかに、取引先や親戚、友人、知人も含めてあらゆる関係者に、機会を見つけては即戦力となりそうな海外人材の紹介を頼んで回りました。

そのなかでもいちばん親身になって対応してくれたのは、富士銀行（現・みずほ銀行）でした。サンデンの主力銀行は群馬銀行ですが、富士銀行前橋支店とも取引がありました。そこの支店長は、アメリカのミッチェル社と技術提携してSDコンプレッサーを開発したサンデンの技術力と将来性を買ってくれて、何かと支援をしてくれました。海外人材についても心配してくれて、同行の行員でタイ駐在の経験がある経理畑の小沢亘さんを紹介しサンデン入社をあっせんしてくれました。また、東京・大手町本店の海外相談室を紹介してくれました。

その相談室の室長だったのが、吉田英一さんで、その下に宮沢創さんがいました。吉田さんや宮沢さんは共に東大卒、また、小沢さんは横浜国立大卒という秀才です。のちに二人ともサンデンに入社してくれることになったのです（吉田さんはのちに、サンデンがダラスに設立した現地法人ＳＩＡの社長に就任しています）。海外相談室から二人も快く送り出してくれたくらいですから、富士銀行はサンデンの海外ビジネスの将来性を当時から高く評価していたのだと、改めて認識せざるをえません。

富士銀行と同じように、三菱商事にもずいぶんお世話になりました。三菱商事は以前、サンデンが経営危機に陥ったとき、商社金融という形で経営支援してくれたことは前にも述べた通りです。ＳＤコンプレッサーをミッチェル社に納入するに当たっての輸出業務と同社の経営支援するための商社金融も引き受けてくれたのも三菱商事でした。海外人材も豊富で、サンデンにも優秀な人材を何人も紹介してくれました。のちにＳＡＭの社長となる那珂通武さんも、その一人でした。

このほか、私自身の学生時代の同窓生や先輩、後輩、富士電機時代の同僚などにも声をかけ、紹介された人には、私が全員と面談して採用させてもらいました。母校の早稲田大学では、大学院でも同期だった秋月影雄さんが助教授になっていたので、私がサンデンに入社したときから理系の卒業生を欲しいと頼んでいたのですが、実現するまでに五年かかりました。一九七三年に新卒入社し、SISで研修をした後、SIE（サンデン・インターナショナル・ヨーロッパ）を振り出しに、長い海外駐在員生活を送った野地俊行さんは、その第一号でした。

同じく技術系社員で、富士電機を途中退職して入社してくれた安東鐵也さんは、かつて私の同僚として原子力の仕事をした人です。英語が話せて、先端の技術も分かる彼に来てもらうまでには、一年かかりました。何度も足繁く通ったのですが、富士電機の常務が手離さなかったのです。これは余談ですが、最終的に安東さんがサンデン入社を決心してくれたとき、かつて私の上司だった人が「安東君、牛久保君のところに行って大丈夫かな」と心配していたという話が伝わってきて、大いに責任を感じたものです。

高校の同級生では、ラジオのメーカーで輸出をしている会社の役員をしていた前田保巳さんのことをよく憶えています。私が海外人材の紹介を頼んだところ、前田さんが「いまの会社が倒産寸前で見通しが立たない。ついては、部下たちを雇ってくれないか」と言うのです。それならと八人ほど雇い入れたのですが、あるとき私が、「部下もいいけど、お前さんも来ないか」と誘ったところ、最後に前田さんも入社してくれました。彼は最後はＳＩＪの常務まで務めましたから、サンデンとしては、このとき貴重な人材を得たわけです。

このようにさまざまなネットワークをフルに活用して懸命に海外人材を募り、グローバル展開の準備を進めた結果、一九七四年の一〇月、米国に現地法人を設立。以降、海外事業の展開をスムーズかつ迅速に進めることができました。

また、国内にはサンデンの海外事業を専権的に取り扱い、海外拠点を統括する会社として東京にＳＩＪ（三共インターナショナル株式会社）を設立し、父・牛久保海平が社長に、私が専務取締役に就任しました。実質的にＳＩＪの経営を私に任せる、という父の配慮から生まれた組織体制です。東京に本社オフィスを置いたのは、海外に出かけるのに利便性が高いことと、世界の最新情報をキャッチできるのは、やはり東京であろうという判断からでした。

またシンガポールには、一九七四年一二月、とりあえず現地事務所を設置しました。この支店が、三年後（一九七七年）に設立するＳＩＳ（三共インターナショナル・シンガポール、のちサンデン・インターナショナル・シンガポールに改称）の土台になったのですが、アジア市場ついては次章で詳述することにして、この章では北米市場でＳＩＡがたどった軌跡について見ていくことにします。

草創期のＳＩＡ

ＳＩＡは、サンデンが設立した現地法人の第一号です。資本金の三万ドルは、一〇〇％サンデンが出資しました。登記上は社長をサンデン創業者の一人である天田鶯之助さんにお願いし、現地の実質的な責任者である上級副社長は、長い間、サンデンで自転車用発電ランプの輸出を担当してきた高橋弘さんにお願いしました。ミッチェル社から移籍したブライアン・テイラーは、営業担当の副社長として市場開拓のほか事務所の準備や現地スタッフの採用などについてもサポートしてもらいました。

ＳＩＡの設立に当たっては、早急に解決しなければならない問題がありました。それまで米国でのＳＤコンプレッサーの販売はミッチェル社が行い、三菱商事がこれをファイナンスするとともに日本からの輸入業務も取り扱ってきました。

このスキームは、サンデンが世界販売権を買い取り、ＳＩＡを設立する段階にとなると、当然、変えなければなりません。ところが、三菱商事はＳＩＡの事務所をテキサス州ヒューストンにある同社の支店内に置いて業務を行ったらどうかと提案してきたのです。要するに、日本からの輸入業務は、従来通り三菱側で継続したいという意思表示です。

しかし、商社依存はしたくない、というのが私の一貫した考え方です。あくまでＳＩＡが直接輸入するかたちを考えていた私たちは、これを受け容れず、再三交渉した結果、ＳＩＡが三菱商事の抱えていた在庫を買い取り、一定期間、輸入に対する手数料も支払うことで折り合いました。

ＳＩＡ上級副社長に任命された高橋さんが、現地法人設立のためにダラスに飛び立ったのは一九七四年一〇月一七日のことでした。高橋さんは途中でニューヨークに寄り、牛久保研一君を訪ねています。研一君は叔父・牛久保誉夫専務の息子で、私の甥に当たる人物です。当時はまだ二〇代で、ニューヨークに住み、ウエスタン・ユニオンという通信社に勤務し、コンピューター関係の仕事に生き甲斐を感じていたところに、父親から「今度ダラスに現地法人をつくるから入社しろ」と言われて、返事を渋っていたといいます。そこで、誉夫専務は、高橋さんに説得するよう依頼したのですが、高橋さんが訪ねたときも、まだ研一君は決めかねていたようです。

高橋　弘氏

やむなく、高橋さんは、「あとから必ず来て欲しい」と言い残してニューヨークを後にし、ダラスに着くとすぐ法人設立の準備に入りました。このとき、弁護士事務所、保険会社、会計監査会社の選定などを側面から支援してくれたのが、ブライアン・テイラーの知人のダン・レイバンでした。ダラスの電力会社の上級管理職を務めていた人物です。彼に紹介された弁護士の事務所で登記の手続きを依頼した高橋さんは、こう述べています。

「あの頃、デラウェア州には税制の優遇があり、日本の法人はデラウェア州の法人として登記する会社が多かったのですが、うちは周辺に顧客の多いダラスに事務所を置くことに決めていましたので、テキサス法人でお願いしました。そうしましたら一週間もしないうちに許可が下りて、一〇月二三日、ハロウィンの直前に登記が完了しました。ダラスに本社をおいた日系企業第一号だとダラスの人達も好意的に迎え入れてくれました。

ＳＩＡの事務所のほうも、ダン・レイバンの紹介でガーランド市のビジネスパーク内に倉庫を兼ねたオフィスを借りました。机と椅子と電話を入れて、いよいよ営業開始となったのですが、そこで準備した資本金三万ドルが尽きてしまって大慌てしたのを憶えています。私自身の知り合いも含めて方々に手を尽くし、本社にも連絡した結果、富士銀行ニューヨーク支店から借り入れをして凌ぐことができました」

こうしてSIAは、一九七四年一一月から営業を開始しました。ニューヨークの牛久保研一君も遅れて到着し、ブライアン・テイラーが採用した社員も揃って活動を始めたのです。そのときのメンバーは、上級副社長の高橋さん、営業担当副社長のブライアン・テイラーと彼が採用したエンジニアのレイ・エルスワース、事務全般を担当したキャステル孝子さん、そして総務マネジャーの牛久保研一君の五人でした。

ところが、この後、倉庫係がどうしても必要になります。当時、日本から送られた荷物はヒューストン港で荷下ろしされ、トラックに積まれて、朝、会社に行くとそのトラックが待っていました。アメリカのトラックは運ぶだけで荷は下ろしてくれません。やむなくレイが担当して下ろしたのですが、フォークリフトがないので近所の会社から借りてきて下ろすといった有様です。レイからは不満の声が上がり、この状態をいつまでも続けるわけにはいきません。

そこで、ミッチェル社にいたアルヴィン・スポーエルを倉庫係として雇い入れるとともに、フォークリフトはブライアンとレイの二人が中古品を買いに行き、ハイウェイをトコトコと運転して持って帰りました。それからはアルヴィンが専任でフォークリフト作業をやってくれたので、荷下ろしが素早くできるようになったといいます。

初期メンバーはこれで総勢六名になりました。年が明けて一九七五年一月、日本から工学博士号を持つセールスエンジニアの平賀正治（のち技術担当常務取締役）さんが加わり、総勢七人になりました。草創期のＳＩＡを支えた七人のサムライです。

米国のアフターマーケット（後付け市場）を席巻

こうして体制を整えたＳＩＡは、ブライアン・テイラーを中心に営業活動を展開し、徐々に業績を上げていきました。その当時、アフターマーケットを制していたヨーク社やテカムシ社を追撃し、しだいにシェアを拡大していったのです。その追い風となったのは、一九七三年秋のオイルショックがきっかけとなって始まったアメリカ社会の省エネ指向と低燃費のコンパクト・カー指向でした。

一九七三年一〇月に勃発した第四次中東戦争で、ＯＰＥＣ加盟のアラブ諸国は米国などイスラエル支持国に対して経済制裁（石油禁輸）を発動し、原油公示価格を二度も値上げし、一〇月には一バレル三・〇一ドルだったのが翌年（一九七四年）一月には一一・六五ドルと約四倍近くに跳ね上がったのです。その結果、安価な石油に依存していた西側諸国は軒並みに物価が急騰し、経済混乱に陥ります。いわゆるオイルショックです。

これを契機にアメリカの市民生活に浸透したのが省エネ・低燃費指向です。それまで乗用車といえば５０００ｃｃクラスの大型車を乗り回していたのですが、オイルショック以降は、より燃費のいい自動車を選ぶようになってきたのです。サンデンがＳＩＡを設立したのは、ちょうどそんな時期と重なっていました。

当然のことながら、カーエアコンもよりコンパクトな製品が必要になり、その心臓部をなすコンプレッサーもまた従来の大型車向けの箱型レシプロ式２シリンダータイプから、もっとコンパクトなＳＤ５へという流れになりました。小型で耐久性がよく、コストも安い５シリンダー揺動板式のＳＤ５は、まさに低燃費指向の時代に適った製品だったのです。

しかし、ＳＤコンプレッサーが米国のアフターマーケットで受け容れられるには、もう一つ、克服しなければならない問題がありました。それは、ＳＤコンプをエンジンに取り付けるブラケットが、従来の箱型レシプロ式コンプレッサー用との互換性がなかったことです。カーエアコンメーカーの多くは、さまざまな車種に対応するブラケットがないかぎり、ＳＤコンプレッサーは買わないという姿勢でした。

そこで、営業担当副社長のブライアン・テイラーは、ブラケット専門のメーカーを回り、「ＳＤコンプレッサーを取り付けるために多種類の車用ブラケットつくってほしい。これからの時代に必ず売れる商品だから」と説得して歩きました。その結果、これに応えてくれる会社が現れ、アフターマーケット市場でＳＩＡの業績もしだいに伸びていったのです。

ところで、このＳＩＡの草創期、日本から派遣された駐在員とその家族はどんな生活を送っていたのでしょうか。総務マネジャーだった牛久保研一君は、自らの結婚に関わるエピソードを持ち出して、次のように話しています。

「営業はブライアン・テイラー、高橋さんが実質の社長、その下で私は総務や経理からフォークリフトの運転までの内部業務全般をやっていました。そういう構図ですから、仕事ではそんなに困ったという問題はありません。むしろ大変だったのは家庭のほうで、私はＳＩＡに入ってすぐに結婚して子供をつくりましたから、妻は本当に大変だったと思います。

いまでも怒られるんですが、私はアメリカから出張扱いで日本に帰ってきて、見合い結婚をし、わずか一週間でまた戻るという、急に赤紙の来た兵士のように慌ただしい日程のなかで結婚を決めました。親がいろいろ用意していてくれた相手のなかに、ひとり前向きな女性がいたので、これは決めなければと思い、『ダラスは素晴らしいところですよ。ニーマン・マーカスというアメリカ最高のデパートもありますし』とオーバーな表現をしてしまいました。

それで結婚できたのはいいのですが、いざダラスに来てみると、DFW（ダラス・フォートワース）空港がオープンして間もないときで、ダラスへ向かうハイウェイはまだなく、馬と牛ばかりの牧場や荒れたカウボーイの家が点在する田舎道を車で社宅に向かいました。その車中、新妻から『話が違うわね。ダラスは大都会とか格好いいことばかり言ってたけど…』と真顔でいわれました。その後は、何かあるたびに『あなたは大嘘つき』って、やられています（笑）」

この時代、海外駐在員とその家族に対する会社としての細かな配慮や支援プログラムは、まだ十分に整っていませんでした。とくに家族は、病気のときの医療や子どもの教育問題など、いろいろな面で悩みがあったはずです。言葉と文化の壁があり、日本との通信事情もいまのように簡単でないなか、相談しようにも企業戦士の夫たちはなかなか家に帰ってこないといった具合で、家族が孤立するような状況にあったことは間違いありません。

クライスラーと初のＯＥＭ取引

そうした家庭生活面の問題も背負いながらも、ＳＩＡの駐在員と現地スタッフたちの奮闘には目を見張るものがありました。図—２は、ＳＩＡの売上高の推移と販売台数を示したグラフです。一九七五年に一四億円だった売上は、五年後の一九八〇年には約七倍の九九億円に到達しています。（図—２　ＳＩＡの売上と販売台数の推移）

この間、アフターマーケットでは、多様な車種のエンジンに合わせたブラケットをつくったことが功を奏して需要が伸び、ブライアン・テイラーと、ミッチェル社を退職して入社してきたブッチ・スミスらの営業努力もあって、ＳＤコンプレッサーはヨーク社やテカムシ社製品を追い抜いてシェアトップに立ちます。

また、アフターマーケットを席巻した実績が注目されて、ＯＥＭ市場でも米自動車大手のクライスラー社からＳＤコンプレッサーが採用されるというビッグニュースがあったことも、ＳＩＡの急成長に拍車をかけたといえます。

大手自動車メーカーがエアコンをライン装着するＯＥＭ生産の場合、その基幹部品となるコンプレッサーは、デトロイトの大手自動車会社の場合、すでに供給ルートが確立していました。ＧＭやクライスラーは自社で製造し、フォードはテカムシ社から購入、ＡＭＣ

■SIA売上高の推移

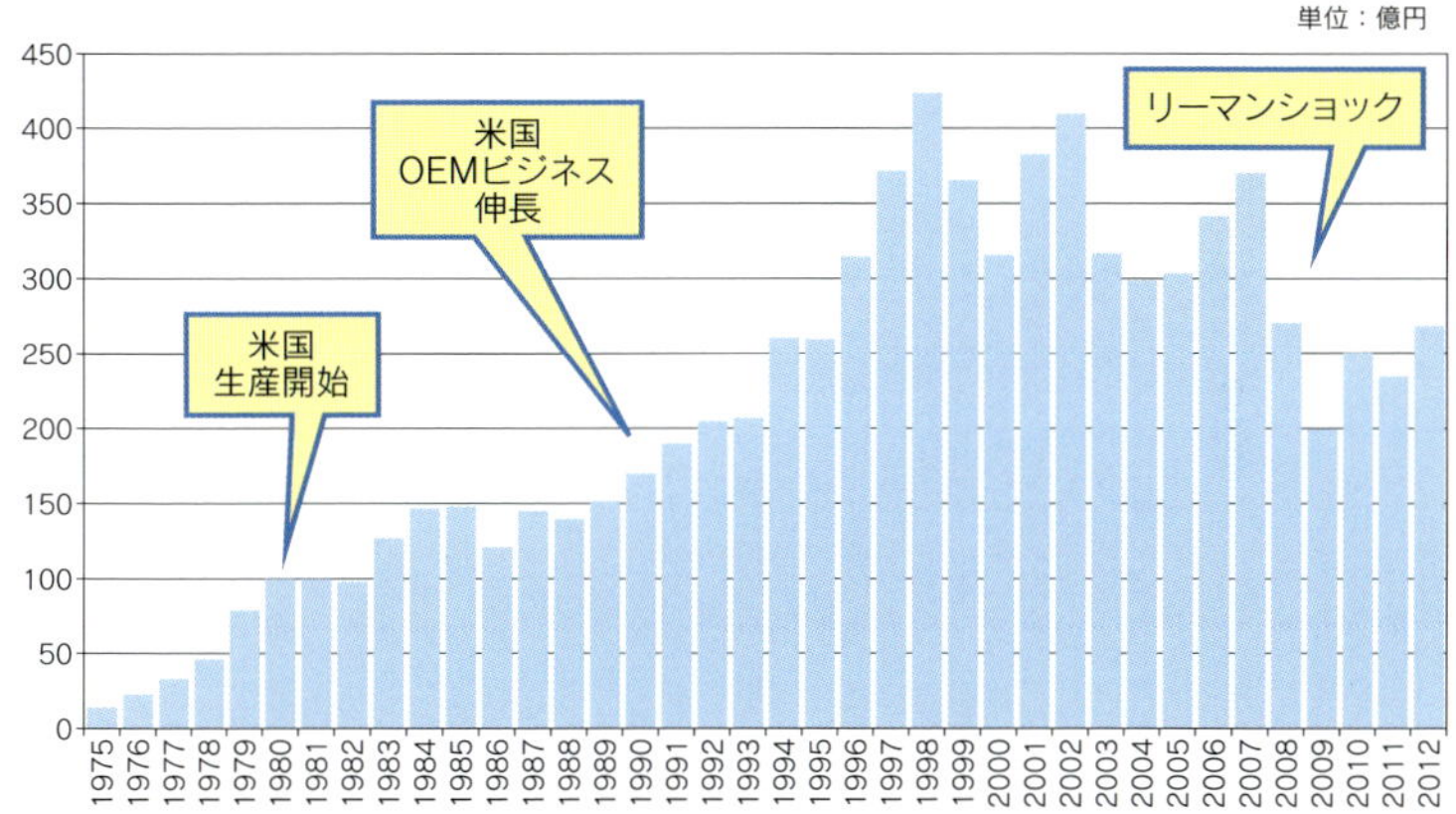

■生産・販売台数

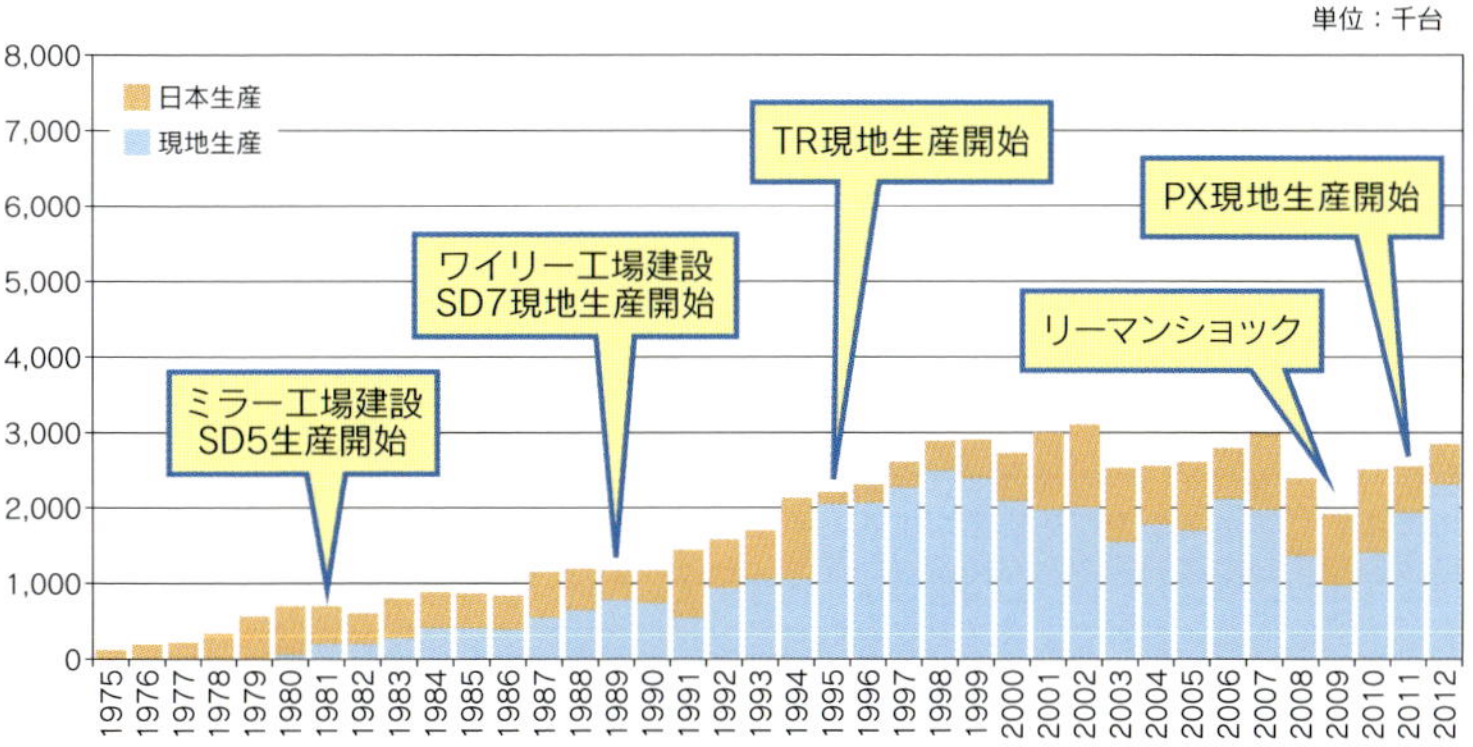

図－2　SIAの売上の推移、生産・販売台数

はヨーク社から購入というかたちです。そこに、ＳＩＡが入り込む余地はなかったといっても過言ではありません。

しかし、自動車王国アメリカでも、オイルショック以降、省エネ・低燃費指向が高まり、大手自動車メーカーがラインで標準装着するカーエアコンも、よりコンパクトなものが選ばれる時代になりつつありました。ＳＩＡも、アフターマーケットだけでなくＯＥＭに挑戦して成長へのスプリングボードを手にしたいと願っていました。

その大きな目標の実現のために、一九七五年七月、営業担当のブライアン・テイラーは、自動車大手ビッグ３のＯＥＭ獲得のために、デトロイト周辺でつくられるカーエアコンの販売を行い、同時に他の製品の代理をしてＯＥＭ取引のあったホワイト・オートモーティブ社のスティーブ・ホワイト代表と、ＳＤコンプレッサーのＯＥＭ販売に関する代理契約を結びました。同代表がデトロイトに事務所を持ち、ビッグ３と浅からぬコネクションを持っていることに注目したのです。

スティーブは、すぐにビッグ３への接触を開始しました。小型でコンパクトなＳＤコンプレッサーの特長を説明し、ＯＥＭ供給を打診して歩いたのです。その過程で、最初に興味を示してくれたのが、クライスラー社でした。一九七六年、「傾斜マウントエンジンを搭載するプリムス・ボラーレ車に、ぜひ小型で軽量のＳＤ５０８を使ってみたい」と、オファーしてきたのです。

クライスラーへの対応は、ホワイト事務所が営業面を担当し、技術面はＳＩＡ駐在の平賀正治さんが担当しました。クライスラーには優秀なコンプレッサー技術者がいて、技術変更や承認方法、要求する実験などについて指導してくれました。最初の技術仕様書は、クライスラーとＳＩＡの共同作業となり、その際、サンデンはクライスラーの要求基準を基にしたサンデン技術標準書（ＳＥＳ）を作成しています。

そのいっぽうで、ＳＩＡの平賀技術者の対応が、クライスラー側に高く評価された面もありました。じつは最初のうち傾斜マウントエンジンにＳＤ５０８を取り付けると、激しく振動するというトラブルが起きていたのですが、これを平賀さんが、コンプレッサーのカムローターに取り付けるクラッチフロントプレートにカウンターウエイト（重り）を付けることで解決してしまったのです。それ以来、クライスラーの技術者はサンデンの技術力に瞠目し、ＯＥＭ契約に至ったという経過がありました。

クライスラーとのＯＥＭ契約に成功したことについて、前出の牛久保研一君は、次のように述べています。

「営業的にはブライアン・テイラーとスティーブ・ホワイトの功績です。しかし、コンプレッサーは技術商品です。価格はほとんど決まっていますから、そこの枠に入れるかどうかであって、すべては技術なんです。まず技術仕様に合致する製品かどうか、長い耐久テストがあります。営業が出ていくのは最終段階です。それまではほとんどセールスエンジニアリングの世界です。

クライスラーのとき、それを担当したのが平賀さんでした。東北大学の大学院を出て工学博士号をもつ大変な技術者で、その情熱とイノベーションの発想は素晴らしかった。また、彼の改良提案を全部聞いて即応体制で改善製品を試作した八斗島工場の寺内清さんや清水茂美さんらの技術スタッフでした。その総合した力がクライスラーとのOEM契約に結びついたのです」

SIA駐在の平賀さんと、その指示に応えて技術的な改善・改良に対応できたサンデン八斗島工場の技術力の合作こそが最大の成功要因だという指摘ですが、当の平賀さんは、こう述べています。

「専門畑の人はお互いにリスペクトしますから、クライスラーの技術者もわれわれに真摯に付き合ってくれました。テストをするときは、テストの機械のところに連れて行ってくれて、『ここでこういうトラブルが起きるよ』と、全部現場で見せてくれるんです。私は赤いツールボックスを必ず持って行き、その場でバラして治して見せました。アメリカ人はその場で直すことを高く評価するんです。あとで、というのは絶対に駄目で、ライバルの他社に同じことを質問して、他社が先に対応したらチャンスはありません。その場で治せない場合も、何が悪くて、どうなっているかという観察が大切です。観察したら、その内容を夜中にオフィスへ帰ってからすぐテレックスで『こういうトラブルがあったよ。たぶん、これはこうだ。おれの観察ではここが問題だから、ここをちょっと治した試作品を急いで送って』と期限付きで日本に送るんです。

だから、クライスラーの技術者と話をするときは、『じゃあ、来週、改良試作品を持ってきます』と約束してしまうのです。それでオフィスに帰って、『もう約束したから、作って送って』と日本の八斗島工場の担当者にテレックスをする。大切なことは、約束してしまうこと。その場で答えが出なかったらビジネスは取れないですよ。これはいまでも通用すると思います。

答えは出せるのです。機械ですから、現物を見て、そのものを解体すればどこが悪いかはだいたいわかる。その現象を克明に描いて、八斗島工場のしかるべき担当者に直接送ってしまうわけです。八斗島の技術を結集して、何日までに試作品ができますというところまでいけば、こちらの勝ちですよ。その場で約束して、試作品・改良品を日本でつくって一週間で届くとは、だれも信じないでしょう。

向こうだって事情があるわけです。いつまでに何をするという日程が組まれているから、『これをやると生産が何日遅れる、生産が遅れたら大変だ』みたいなことがあるじゃないですか。それを困らせないようにするためには、技術屋が動いてあげるということです」

平賀さんはSIAで「ドック平賀」というニックネームで呼ばれていました。ドックは、ジョン・フォードの映画「OK牧場の決闘」に登場する酔いどれ医師にして凄腕のガンマンのドック・ホリディにあやかったものらしく、平賀さん自身は非常に気に入っていたといいます。「工学博士のドクターだからドックではなく、どんな機械の不具合でもすぐ治してしまう医者だからドックだ」――その頃、彼が好んで語ったジョークでした。その平賀さんは、SIAに三年近く駐在したのち、本社開発部に戻り、TRコンプレッサーという静粛性にすぐれた画期的なコンプレッサーの開発をなしとげています。

クライスラー社向けコンプレッサーの量産は一九七七年年五月から始まり、約二年間で四〇万台を納入しました。その後も、車種に応じてOEM取引を継続してくれました。クライスラーとの取引によって得たOEM取引の技術的、営業的なノウハウは、その後の世界の自動車メーカーとの取引に道を拓く貴重な財産となりました。SIAだけでなく、日本のSIJ及び八斗島事業所も元気づけたことは言うまでもありません。『サンデン技術40年の歩み』(一九八六年四月刊)は、その波及効果をこう記しています。

〈クライスラーのコンプレッサーの技術仕様は厳しく、特に耐久テストでは最高回転数が9000rpmまで耐えなければならなかった。この仕様を満足するコンプレッサーが完成し、以後のOEM参入への土台が出来上がった。それ以降、フランスのプジョー、ルノー、ドイツのポルシェ、フォルクスワーゲン、国内ではH社など、続々とOEMに採用されていった〉

ここに挙げられた欧州車のエアコンは、主に輸出用に装着されたもので、欧州の地でエアコンが普及するのは一九九〇年代も後半になってからです。また、国内でH社とあるのはホンダを指しています。ここに記載はありませんが、「軽自動車にカーエアコンは無理」という当時の常識を覆してスズキと共同開発した「フロンテ」用カーエアコンも、一九七七年からOEMで供給を開始しています。

さらに、アメリカ国内では、一九八〇年代に入ってアメリカンモーターズ（AMC）、GM、フォード、フォルクスワーゲン・アメリカ（VWOA）などの自動車メーカーもSDコンプレッサーに関心を持つようになります。いずれも、クライスラーの厳しいスペックをクリアした技術力を評価してのことでした。

スキルマンの実験室付きオフィスへ

さて、アフターマーケットを席巻し、クライスラーへのOEM供給も始まろうとした時期、八斗島事業所から調達するコンプレッサーの取扱量が増え、ガーランドの倉庫兼オフィスでは間に合わず、外部に倉庫を借りても追いつかない状況になりました。

そこで一九七七年に、倉庫と実験設備を備えた新しいオフィスを自社ビルとして建設することになりました。場所の選択、購入、設計士や建築家の決定など、そのプロジェクトの指揮を執ったのは総務マネジャーの牛久保研一君で、実験室づくりのコンサルタントを務めたのはボブ・バンディーンでした。ボブはその直後に技術部長としてSIAに正式に入社します。

新しいオフィスビルは、一九七七年一〇月にダラス近郊のスキルマンロードから一歩入った新しいビジネスパーク内に建てることに決まりました。この土地購入や建築について牛久保研一君が助力を求めたのがダン・レイバンでした。彼は、ダラスの電力会社ダラス・パワー&ライト社の上級管理職で、企業誘致を担当していた人物です。オフィスの広さは以前の約五倍になりました。このとき、実験室のほうは、同年六月に平賀さんと交代で駐在員になったセールスエンジニアの木村青志さんとボブ・バンディーンが担当し、車を入れてエアコンの試験をするウインド・トンネル（風洞）やサイコメトリック・カロリーメーター（熱量計）の設備など詳細を決め、サンデン八斗島工場の承認を得て完成させています。

ＳＩＡではウッディというニックネームで呼ばれていた木村青志さんは、ボブと徹底的に意見交換しながら実験室を建てた当時を回想して、こんなメモを提出してくれました。

〈ボブ・バンディーンは、カーエアコンの技術を理論的に理解する優秀な技術屋さんだった。生粋のテキサス人で、日本人以上に義理人情に厚い、いい男だったが、仕事となると真っ向から対立した。まず、空気量、圧力などの基本設計の計算に使用する単位を、米国式にインチ、ポンドを使うヤード・ポンド法にするか、日本式にセンチ、ミリの単位を使うかで対立した。結局は当時の自動車メーカーがヤード・ポンド法しか理解しないということで米国の慣習に従い、あらゆる測定機器もインチ、ポンド単位に合わせたものを使用せざるを得なかった。その後は米国式に慣れてしまったが、つくろうとする試験設備の構造、形からして考えが異なり、ことあるごとにぶつかった。

ボブとの共同作業を通じて、日本人と欧米人の間には、考え方の背景に大きな違いがあることに気付いた。欧米人と議論をするとき、相手が個人としての意見を求めているのに、日本人は背景にある集団の論理をベースに意見を言う。集団の中で生きる日本人と個人で生きる欧米人の違いである。生まれたときから個を大事にしている欧米人は、集団的考え方の日本人を受け容れがたく、もう一歩突っ込みの効いた個の考え方、『お前はどう考えるのか』を聞きたいのである。グローバル・ビジネスで最も重要なことは個の確立である。これがない限り、欧米人との対決は土俵に上がる前から負けている〉

スキルマンの実験室設置をめぐって、ウッディ木村とボブ・バンディーンとの間に起きたこのときの衝突は、大きくいえば異文化との接触と溶融の過程で必ず起きるもので、その後も海外に派遣された日本人社員の誰もが一度は洗礼を浴びてきたことだと思います。

初の海外生産拠点＝ミラー工場の建設

それはともかく、こうして一九七七年一〇月、ＳＩＡはスキルマンの実験室付きの新オフィスビルに移り、事業は加速度的に伸びていきました。ＳＩＡが扱ったＳＤコンプレッサーの販売台数を見ると、最初の一九七五年が一〇万四〇〇〇台で、以下、七六年一七万三〇〇〇台、七七年二一万四〇〇〇台、七八年三三万二〇〇〇台、七九年五七万五〇〇〇台と五年目で五〇万台を突破する実績を上げています。このままいけば、スキルマンの新オフィスも、やがて手狭になるのは目に見えていました。需要に供給が追いつかない状況です。これに対応するには、米国内により大きな流通拠点をつくるか、それとも生産工場をつくるしか手立てはないことになります。

しかし、日本で生産して輸出するという方法をとるかぎり、いくら大きな流通倉庫をつくっても、輸出に関わるコストと時間、それに為替の変動リスクの問題もあります。それを避けるには、アメリカに生産設備をつくり、現地生産することが最も効率的ということになります。

その場合も、①クラッチ生産だけを行い、八斗島事業所で製造したコンプ完成品を輸入して取り付ける方法、②ノックダウンを八斗島事業所から輸入し完成品に組み立てる方法、③すべてを一貫して製造する方法などが考えられます。どの方法にするかを決めるに当たって、まず事前調査（フィージビリティ・スタディ）を実施することにしました。

同調査は、ＬＷＦＷコンサルタント会社に依頼し、スキルマン・オフィスが竣工した翌年（一九七八年）秋に実施し、その結果を踏まえて、経営陣として最終的に現地一貫生産を決定したのは、一九七九年春のことです。

これを受けて、ＳＩＡでは高橋弘上級副社長とブライアン・テイラー営業担当副社長、ボブ・バンディーン技術部長の三人が中心になってプロジェクトを進行させました。このとき、再度、親身に協力してくれたのが、ダン・レイバンでした。牛久保研一君がスキルマンの実験室付オフィスをつくるときも相談に行って親しくなった人物で、高橋さんとも懇意にしていました。ＳＩＡが本格的なコンプレッサー工場をつくるというので、彼も本腰を入れて協力してくれて、候補用地や予備調査会社、建設会社、銀行、ダラス市の担当者などをリストアップし、紹介してくれました。こうした専門分野は、どの会社に何を頼むべきか、現地事情に通じた人間でなければできないことで、彼がいなければ海外初のこの工場はできなかっただろうと感謝しています。

工場用地の最終選定には、父・牛久保海平会長がダラスを訪れ、一日かけて全部の候補地を見て回りました。海平会長の要望は「ダラス市の住所であること」でした。候補地の全部を見終わると、高橋さんたちに「どこがいいと考えているのか」と尋ね、「ダラス市ミラーロードに接している工業団地の一角がベスト」という答えを聞くと、「わかった。買いたまえ」と指示したといいます。

こうして、ダラス市のミラーロードに接する工業団地内に面積一三エーカー（約五・二ヘクタール）の用地を購入し、生産工場の建設に着手しました。一三エーカーといえば約一万六〇〇〇坪、八斗島事業所（一万二〇〇〇坪）よりも四〇〇〇坪も広く、東京ドーム（約四・七ヘクタール）がすっぽり入って余りがあるほどの広さです。そして建設記念に工場に隣接した道をサンデン・ドライブと名付けました。

工場建設と並行して、日本の八斗島事業所では、ＳＩＡに派遣し、組立機械やＱＣ（品質管理）やＱＡ（品質保証）用機材・器具、耐久テストベンチなどを設計し、実際に設置し、稼働させるプロジェクト要員として宮崎信夫さんをトップに、長山茂さん、小林博さん、大立目英治さん、新井明さん、森本淳さんの五人を選任。アメリカ生活に順応する訓練とミラー新工場の詳細についての検討をしてもらいました。いずれもまだ二〇代と三〇代前半の若手社員ばかりです。

いっぽう、ＳＩＡでもプロジェクトチームがつくられ、部品洗浄機械、オイル脱水装置、エア圧縮機、乾燥機、塗装機材、工作機械室、メインラインからフィニッシュラインの頭上を走るコンベアなどを担当しました。また、スキルマンで実験室をつくった木村青志さんは、ミラー工場でも実験室を設計し、その完成までを手がけました。

新工場の建築がまだ工期を少し残していた一九八〇年六月、日本から送った機械類の設置が始まりました。この時期のダラスの特有の三〇度を超える外気温に加えて、当然エアコンのない建設現場は、気温が四〇度前後まで上がり、日本から派遣された前記の五人も、連日、汗だくで作業をしたといいます。

日本から派遣された社員と現地スタッフが力を合わせて建設したミラー工場は、一九八〇年九月から試運転を開始し、徐々にSD5の生産量を増やして、翌一九八一年春には日産一万台に到達。三月には、招待客を招いて新工場お披露目の式典を、桃の節句にちなんで三月三日午後三時から開いています。これはアメリカに進出して三年後にスキルマンに自社の事務所・実験室兼倉庫を建設し、その三年後にミラー道路に面して工場を建設した「3」という数字に拘ったものです。さらに、これに続いて、部品加工の工場が、工場建物の北側に予め確保していた一〇万スクエア（約九三〇〇㎡）の敷地内に建設され、組み立て工場と連結して、一九八一年中に文字通り現地一貫生産工場が完成したのです。

ミラー工場の建設と並行して、高橋上級副社長とボブ・バンディーン技術部長、そしてロンドン支店に転出した牛久保研一管理部長の代わりに日本から赴任した中沢萬佐雄総務部長の三人が中心となり、工場管理を担う技術者と現場従業員の現地採用に、約一年間をかけて取り組みました。このとき、採用された現地社員のなかには日本の八斗島事業所に研修のために派遣された人も多く、その後、長くSIAの生産部門を支えてくれました。良い人材に恵まれて、その社員がまた優秀な人を連れてくるというかたちで現地採用社員の輪が広がっていきました。

この現地での人材採用によって、スキルマン・オフィスの時代は十数名だった現地従業員の数は、ミラー工場が開設されて以降は三〇〇名規模になりました。これにともない従業員の給与規程や厚生福利制度などもテキサス州の法的諸制度に則って整備されていきました。こうしてSIAは、地元の会社として認知され、地域に根付いていったのです。その当時の社員の採用や解雇について、中沢さんは次のように話しています。

「アメリカでは当時すでにタイトルセブンと呼ばれる「公民権法」（雇用差別を禁止する法律）があり、人種、性別、年齢、宗教等々で採用時に差別することが禁じられ、違反すると罰せられました。その反面、理由が明確で社員の責が明らかな場合は、理由を伝え解雇できます。

ですが解雇された社員は不服申し立てができます。実際に召喚状が二度ほど会社に届き、雇用均等委員会（ＥＥＯＣ）ダラス事務所から呼び出されヒヤリングに行きました。不服を申し立てた元社員も同席して相互にヒヤリングが行われました。

幸いなことに二度とも本人の有責と結審されました。こうして、手探りながら採用時の面接も言葉を選び、表現方法を工夫して法的な問題が起こらないよう細心の注意を払いながら採用を行いました」

サンデン初の海外工場＝ミラー工場は、その後、約九年間、ＳＤ５の一貫生産を続けましたが、一九八九年に、ダラス近郊にワイリー工場が新しく建設されたことにより、その役目を終わりました。その後はサンデンが買収し傘下に入れた、アメリカの自動販売機の老舗メーカー、VENDO・AMERICAの製造工場として生まれ変わり、今日に至っています。

デトロイト営業所（ROD）の設立

すこし話を戻しますが、クライスラーとの間に結んだ最初のOEMは、一九七七〜七八年の二年間で終了しましたが、その波及効果は絶大なものがありました。前にも述べたように、一九八〇年代に入って小型で振動の少ないSDコンプレッサーに、アメリカン・モーターズ、フォード、GMなどの大手自動車メーカーの技術者たちが関心を抱き、SIAに接触してくるようになったのです。

この間、サンデンは、小型のSD507、SD508の改良型＝ゴールドラベルコンプ、トラックやオフロード市場向けた耐久性のあるSD510、アーサー・D・リトル社から開発権を得て前述の平賀さんたちが開発した画期的なスクロルール型コンプレッサー＝

TR、新しいワブルプレートコンプレッサーSD709など、振動や音の問題などについて改良を加えた新製品を次々に開発したことも大手自動車メーカーの技術者たちから注目を集めた要因の一つだったと思います。

そうなると、これまでのようにスティーブ・ホワイト事務所の一角に間借りしていた連絡オフィスでは間に合わず、SIAとしてデトロイトに営業所を設置する必要に迫られました。一九八三年四月、SIAはリージョナル・オフィス・デトロイト（ROD）を設立。所長として、四年前からSIAに駐在していたセールスエンジニアの長井章さんが就任しました。

では、これらの自動車会社とどんな商談を進めてきたかと言いますと、まずクライスラーは、最初のOEM供給は二年で終わりましたが、一九七九年、オムニ車、ホライゾン車にSD508改良型ゴールドラベルコンプを採用しました。

大型車中心のビッグ3とは一線を画して早くからコンパクトカーに力を入れていたアメリカン・モーターズ（AMC）は、当初はヨーク社製のコンプレッサーを使っていましたが、SIAとホワイト事務所のケン・モーリーの営業努力によって一九八〇年からSD508を採用しました。その後、一九八七年にAMCはクライスラーに買収されましたが、クライスラーが日本のデンソーとのライセンス契約で自社製造していたC171の製造を中止したため、サンデンがクライスラーの主要納入業者になったという経過があります。

ビッグスリーの一角、フォードは、長い間、テカムシ社製のコンプレッサーを使っていました。これはテカムシ社の会長がヘンリー・フォード二世と親密な関係にあったためで、フォードの技術者たちがテカムシ製品を評価していたわけではなかったようです。やがて一九八〇年代、技術者たちが影響力を持つ時代になり、フォードもＳＤ５０８を真剣に検討する時期が訪れました。ＲＯＤの長井所長が呼ばれてフォードの技術者の間でＳＤ５０８についての技術スペックの検討を共同で行い、一九八六年からは長井所長の後任者としてＳＩＥより帰任していた野地俊行さんがＲＯＤに赴任し協議を続けました。

しかし、このときは、最終的にフォードが日本のデンソーとのライセンス契約で自社生産することになり、ＳＤ５０８はフォードの技術者の承認を得ながらも、音の問題を理由に商談は実を結びませんでした。それでも、フォードは、工場装着では採用しなかったものの、シグネット社という会社を通して過半数以上のディーラーの装着でＳＤ５０８を採用したと聞いています。

ＧＭとの最初のコンタクトは一九八七年、ＧＭがラスベガスで部品サプライヤーがプレゼンできる「テック・レビュー」を開催し、ＳＩＡからブッチ・スミスとホワイト事務所のケン・モーリーが参加したときに始まります。ブッチたちは、会場でＧＭライトトラック（バンやピックアップトラック）グループの技術者と親しくなり、サンデンＴＲコンプ（渦巻き型）の優秀性をアピールすることができました。それがきっかけとなり、その後一八ヵ月間かけて、ＴＲ１０５のサンプルがつくられ、ブラケットが製造されると、ＧＭの数車種に取り付けて、ＳＩＡとニューヨーク州ロックポートでフィールドテストとウインドトンネルを使った実験が行われる運びになったのです。

その結果、ＧＭライトトラックグループは、それまで使っていたハリソン・コンプからＴＲ１０５に変更すべきだと主張しましたが、ハリソン側もＧＭトップに対し圧力をかけて、これを阻止しようとしました。そこで、ライトトラック部門は、ＧＭトップを説得してサンデンの八斗島工場に技術チームを派遣し、テクニカル解説やデータ、耐久計算、工場のレイアウト、さらにＧＭのための生産計画などのプレゼンを受けました。そして、ライトトラック部門の購買部から発注同意書とテレックスによる注文書が届いたのです。

ところが、これで契約は成立と思ったのも束の間、後から注文キャンセルの連絡がありました。ハリソン側が当時のＧＭ社長ロバート・ステンペルの命令（同意）を勝ち取り、形成は逆転。交渉は打ち切りになったのです。しかし、最終的にはハリソンとサンデンがライセンス契約を結ぶというかたちで決着が付けられ、ＧＭとの関係はその後も良好なまま推移することになりました。

フォルクス・ワーゲン・ドイツ（ＶＷＡＧ）は、サンデンが一九七八年にロンドンにサンデン・インターナショナル・ヨーロッパ（ＳＩＥ、一九八〇年に現地法人化）を開設して以来の顧客です。ＳＩＡのセールエンジニアの木村青志さんやボブ・バンディーンや日本からＳＩＪのセールスエンジニアが何度もヨーロッパに足を運んで、ＶＷ社との技術協議をしてきた経緯があります。

ＶＷ社にとってアメリカは主要な輸出先の一つでした。その拠点としてニュージャージー州エグモントに現地法人ＶＷアメリカ（ＶＷＯＡ）のオフィスを置いていましたが、一九八〇年にペンシルバニア州ウエストモアランドに工場を建設したのを機に、デトロイトにオフィスを移しました。その翌年、ＳＩＡがデトロイトに営業所（ＲＯＤ）を設置して以降は、頻繁に接触するようになりました。

というのもサンデンは、ヨーロッパの高速運転での信頼性を高めるために容量を増やした特別仕様のＳＤ５０８を開発していましたが、ＶＷＯＡのウエストモアランド工場でもこれを承認してくれたからです。ただし、新たに米国内用に、厳しい防錆基準を課してきたほか、静音化の要請など技術的な改良を迫られていました。

これに応えるために、サンデン側技術陣も必死に改良に取り組み、いくつかの試作品も提案をしましたが、なかなかＶＷＯＡ側技術者の満足する水準には到達できませんでした。一九八五年の夏には、当社の改良コンプと、日本のジーゼル機器社のコンプを競い合わせる比較テストが行われるという厳しい事態にまで追い込まれました。幸い、テストの結果が極めて良かったため、サンデンのコンプレッサーが承認され、ＶＷＡＧ、ＶＷＯＡ双方とも取引は継続されることになりました。

以上が一九八〇年代、ＳＩＡがＲＯＤ（デトロイト駐在事務所）を拠点に、アメリカの自動車大手を相手に展開したＯＥＭ商談のあらましです。

新車の開発期間は、当時のアメリカで三～七年かかるのが普通でした。その間ずっと自動車メーカーの技術者とのコンタクトを続けて、エアコンシステムやコンプレッサーの最終的な仕様が決まるところまで息長く付き合っていかなければなりません。一度の商談で成功しなくても、相手技術陣の信頼を獲得できれば、次に繋がるという性質のビジネスです。

ＯＥＭの商談は、ほとんどＲＯＤとホワイト事務所で対応していました。しかし、ＯＥＭ案件も増えて来て、ＳＩＡでは相手先の技術的な要求に少しでも早く対応するために、一九八八年、プリモス市内の工業団地に新しい実験室付きのＲＯＤオフィスをつくりました。そのオープニングが行われたすぐあとに、サンデンはすでに一〇年を超えて継続してきたスティーブ・ホワイト事務所との販売代理契約を打ち切るとともに、同事務所からケン・モーリーをＳＩＡ社員として採用しています。

こうして万全の準備をしてＯＥＭ取引の拡大をめざしたＳＩＡですが、種を蒔いてから花が咲くまで時間のかかるのがＯＥＭビジネスの特徴です。ＳＩＡにとって、一九八〇年代は、その種蒔きに奔走した時代といえるでしょう。

そのいっぽうで、一九八〇年代は、アフターマーケットではシェアトップの座を走り続け、売上は年間一〇〇億円を突破し、生産・販売台数も年間一〇〇万台を超えるまでになりました。一九七〇年代後半を草創期とすれば、この時期は、いわば第一次成長期と位置づけることができます。

この時期はまた、二度にわたる石油危機と自動車の排ガス規制の強化を背景に、アメリカ国民の意識がより燃費のいいコンパクト・カーに向き始め、低価格で品質の良い日本車の輸出が急増した時期と重なります。そこから日米貿易摩擦、日本の輸出自主規制、日米構造協議へと発展し、さらに、一九八五年の秋のプラザ合意以後は急激な円高により輸出環境が悪化し、日本の自動車メーカーがこぞって米国で現地生産を始めるようになったこともよく知られています。

そんななか、デトロイトの隣にあるアナーバーには、米国政府の排ガスなどの認証ビューローがあるため、日本の自動車メーカーはこぞってその近辺にオフィスを持ちました。そこから、日系自動車メーカーとＳＩＡのコンタクトが始まり、一九九〇年代に北米市場でＯＥＭの取引先がさらに拡大していく契機になりました。

ワイリー工場建設で第二次成長期へ

これまで触れませんでしたが、一九八〇年代、ＳＩＡのトップ人事にも変化がありました、初代の上級経営責任者（Ｓｅｎｉｏｒ Ｖｉｃｅ Ｐｒｅｓｉｄｅｎｔ）を務めた高橋弘さんは一九八一年に帰任し、後任は富士銀行（当時）から入社した吉田英一さんが着任しました。

吉田さんの在任期間中の一九八四年、ＳＩＡは、メキシコにＳＤコンプのサプライヤーとして現地法人サンデン・メキシコ（ＳＭＸ）を設立しています。メキシコには、すでにＳＤコンプをＧＭメキシコに供給していたトレビノ・トレイン社という業者がいましたが、メキシコ政府との間で「メキシコ製品調達に関する法令」に関連するトラブルが起き、このままではサンデン製品の供給が強制的に終了させられる危機に陥ったため、トレビノ社を買収するかたちで合弁会社ＳＭＸを設立したのです。

その吉田さんは一九八六年に退任し、代わって三代目の上級経営責任者に就任したのは、それまでアジア市場と欧州市場を統括していたボブ・ジョーンズでした。本人の希望でもありましたが、世界の市場に通じたボブ・ジョーンズがＳＩＡのトップに立つことで営業展開も生産面でも飛躍的に拡大し、現地スタッフの士気も上がるだろうとの期待を込めての人選でした。

実際、ＳＩＡ社長に着任すると、ボブは経営改革に意欲的に取り組み、販売、技術、製造、人事、管理に及ぶ組織再編とマネジャーの人事刷新を進めました。そのいっぽうで、ミラー工場に代わって最新鋭の機械設備と自動化を取り入れた新工場の建設を、サンデン経営陣に提起してきました。

ミラー工場は、リスクを考えてコストを低減するために八斗島工場の中古機械を取り寄せて建設したというのが実情でした。ミラー工場で生産できるコンプレッサーは、基本的に揺動板式固定容量のＳＤシリーズに限られ、その後新しく開発され、自動車メーカー各社から注目を集めているスクロール式固定容量のＴＲシリーズや外部制御盤式可変容量のＰＸシリーズを生産する設備は備えていません。

それでも私は、ミラー工場をつくるとき、ＳＩＡの生産・販売台数は年間一六五万台まで伸びるだろうと予測していました。現実にはそこまでは到達しませんでしたが、一九八〇年代の終わり頃にはミラー工場で約八〇万台が生産され、日本から輸出した四〇万台と合わせると、約一二〇万台にまで伸びています。

これをさらに拡大していくには、ＳＩＡでもＳＤシリーズだけでなく他のタイプのコンプレッサーも生産できるような設備を備えることしかありません。それにはキャパシティのないミラー工場の拡張を繰り返すよりも、最新の設備を持った大規模な新工場を建設したほうがいいというのが、ボブの提案でした。

私も、ボブの意見に賛成でした。顧客のいるところに販売ベースだけでなく生産拠点をつくること、それはサンデンの技術力を顧客にアピールする有力な武器になる、と私も考えていたからです。もう一つの判断は、一九八五年のプラザ合意以降、止まるところを知らなかった円高の進行です。日本から輸出すると、日に日にコスト高になって行きます。この為替リスクを避けるには、現地生産するしかないと考えたからです。

新工場の候補用地は、ボブが自宅からミラー工場に通う道すがら見つけたもので、ダラス市と隣接するワイリー市にある六四エーカーの土地です。ミラー工場（一三エーカー）の約五倍もの広さがあり、ここなら日本の八斗島事業所にも劣らない最新鋭の一貫製造工場の建設が可能です。工場建設ではダン・レイバンが三度目の出番となり、ミラー工場建設で協力してくれた人達が再び助力してくれました。

サンデン本社は、これを承認し、小島征夫さんをプロジェクトマネジャーに任命して組立機械と部品加工機械などの手配のほか、現地でＳＩＡ経営陣とともに建設に従事してもらいました。大日向和博さんは、財務、管理、予算管理を担当しました。ボブ・バンディーンはすでに退職していましたが、コンサルタントとして実験室の建設を担当しました。

ワイリー工場の竣工は一九八九年八月。記念式典は大勢の招待客を集めて盛大に行われました。式典には日本から社長の牛久保守司と私が出席しました。招待者の中にはヒューストンの日本領事館領事をはじめ、ワイリー市長やダラス市長の顔がありました。ワイリー工場はゆるいスロープを平地にし、半円形の二階建ての事務棟と長方形の工場棟が中庭を囲む形で作られ、二つの建物の間にカフェテリアが設けられ、社員

SIA（ワイリー工場）

が自由に交流できるように設計されました。いわゆるキャンパス工場といわれ広大な敷地にまわりの環境にあった建物の工場レイアウトです。

新工場の完成にともなってコンプレッサー関連の生産設備はミラー工場からすべて移管されました。それに加えて、これまでなかったＳＤ７の生産設備も設置し、一九八九年から現地生産を始めました。また、一九九五年からはＴＲシリーズ、少し遅れてＰＸシリーズは二〇一一年から現地生産をするようになりました。

ＳＩＡの歴史を大掴みでお話しする場合、私はよく一九七〇年代後半は草創期、一九八〇年代は第一次成長期、一九九〇年代を第二次成長期という言い方をしています。その起点になったのが、第一次成長期はミラー工場の建設でしたが、第二次成長期は、ワイリー工場の建設だったと思います。

あらためてＳＩＡの売上高と販売生産台数の推移のグラフを見ていただけば分かりますが、一九九〇年代、年間売上は年間二〇〇～四〇〇億円に達しています。また、生産販売台数は毎年二〇〇万台を突破していました。ＳＩＡは初めての現地法人として着実に成長を遂げたばかりか、サンデン本体の成長にも大いに貢献してくれたのです。

年表で見るＳＩＡの歩み

これまでにお話ししてきたこと以外にもありますが、ＳＩＡの歴史の流れを簡易年表にすると、左記のようになります。

［ＳＩＡの歩み］

・一九七四年　三共インターナショナル・アメリカ（ＳＩＡ）設立。現地法人をテキサス州ダラスに設立した日本の最初の企業。
・七七年　ＳＩＡスキルマンに実験室付き自社ビル建設
・八〇年　ＳＩＡミラー工場設立　ＳＤ５生産開始
・八二年　三共電気㈱社名変更しサンデン㈱に。ＳＩＪはサンデン・インターナショナル、ＳＩＡもサンデン・インターナショナル・アメリカに改称。
・八二年　デトロイトにＳＩＡ駐在員事務所（ＲＯＳ）を開設
・八四年　メキシコに合弁会社サンデン・メキシカーナ（ＳＭＸ）設立
・八五年　ロサンゼルスにＳＩＡ駐在員事務所を開設
・八六年　ボブ・ジョーンズ、ＳＩＡ社長に就任

・一九八八年　VENDO社買収
サンデンオブアメリカ（SOA）をSIA&VDAのホールディング会社として設立
ベンドーヨーロッパ（VDE）を流通機器システムのホールディング会社として設立
デトロイト営業所（ROD）設立
・一九八九年　SIAワイリー工場設立しSD7コンプ現地生産開始
・一九九〇年　SMXでクラッチ生産開始
・一九九五年　SIAでTRコンプ現地生産開始
・一九九七年　サンデン株式会社、サンデン販売株式会社、SIJの三社合併
・二〇〇〇年　SIAにダイカスト工場設立
ブラジルサンパウロに営業所（SIL）設立
・二〇〇五年　RODに市場密着の製品開発の米州技術センター設立
SVA（ベンドー社）をカリフォニアフレズノからダラスに移転
・二〇〇六年　**デミング賞受賞**
・二〇一一年　SIA　PXコンプ現地生産開始

・二〇一三年　サンデンマニュファクチャリングメキシコ（SMM）設立

VENDO社の買収

右年表の項目のなかに、「一九八八年　VENDO社買収」とありますが、VENDO社はアメリカの自販機業界の老舗で、世界的に知られているグローバル企業です。本社と本社工場はカリフォルニア州フレズノにあり、欧州本社がドイツのデュッセルドルフに、工場はイタリアのミラノ近郊のカサーレにも持つグローバル企業です。その当時は、経営と技術の両面で立ち後れ、衰退の一途をたどっていました。経営陣はやる気を喪失したのか、会社が売りに出されているという情報をキャッチしたのです。

しかし、買収価格は日本円にして二〇〇億円もするといいます。これでは無理かなと思っていたところ、その後、株価がどんどん下がり、一九八七年のブラックマンデー以後は三分の一にまで下落しました。加えて、折からの円高で日本円に換算すれば当初の六分の一の価格まで下がったので、買う決断を下しました。VENDOの株主総会の決定を受けて、サンデンがオフィスや工場はもとより、従業員も含めてすべて居抜きで買収したのです。今から考えても、あの急激な円高とブラックマンデーがなければ、買収に踏み切れなかったと思います。

じつは、SIAも、一九八五年からブライアン・テイラーのもとで食品機器事業部門を創設し、自販機、小型冷蔵ショーケース、そして石油ストーブの販売を行ったことがあります。自販機はコカ・コーラとペプシ・コーラが顧客となり、当初は大いに活気づきました。小型冷蔵ショーケースも販売が見込めそうだと言うので、SIAで日本のセブンイレブンで売れたモデルの試作をつくる段階まで進みました。

しかし、自販機は、群馬県伊勢崎市の寿事業所で製造し、それも顧客からの要望を最大限に入れてつくるオーダー・メイド同様の製品なので、完成までに時間がかかります。ところが、販売価格は、製造前に契約した価格と変わりません、この間に為替の大幅な変動があっても吸収することができません。一九八〇年代後半といえば、一九八五年秋のプラザ合意以降、急激な円高に襲われた時代です。このため日本から特別仕様の自販機が到着した頃には、コストが販売価格を上回り、価格的に将来の展望が見出せない状況が続きました。そんな折に、VENDO社の買収が決まり、結局、SIAとしては食品機器事業から撤退することにしたのです。

羽鳥 國威氏

買収した新生VENDO社の社長は、SIAの上級副社長を務めた高橋弘さんに再度お願いしました。また、現地に常駐する責任者として食品事業部の技術者、羽鳥國威さんを派遣しました。カリフォルニア州中部のフレズノにあったVENDO社の設備・建物は老朽化し、製造もきわめて非効率で品質的に問題があり、抜本的な改革を必要としていたからです。羽鳥さんは、その使命を負って改革・改善の推進役として派遣されたのです。

しかし、フレズノの工場の従業員は七〇〇人、事務棟には三〇人、それも英語を話さないヒスパニックの人たちもたくさんいる中で日本人は羽鳥さんただ一人。何をするにも彼らと打ち解けて、親しくなることから始めようと、羽鳥さんは決心したといいます。それは職場だけでなく、従業員を自宅に招いて、ポットラックパーティ（各自が食べ物やアルコールを持ちよる）を開いたり、休日には一緒に魚釣りやスキー、水上スキーをする、誘い合ってパブに行くなど、職場の外でも積極的に交流していくようにしたといいます。

そのうえで着手した品質経営への取り組みについて、羽鳥さんは、こう話しています。

「フレズノに行ってみて驚いたのですが、とにかく工場内の整理整頓というのは全然できていない。だから最初に始めたのは５Ｓなんです。整理・整頓・清掃・清潔・しつけと言ってますけれど、まずそれからでしたね。

それから品質に関する感覚というのが、考え方も全然違うんですね。生産したのが全数不合格になったときでも、これはなんでダメなんだというときに、自販機のドアの隙間があったんです。これはいまでも覚えているんですけれど、日本の規格だとドアの隙間は三ミリのプラスマイナスいくつって規格があるんです。それに合わないと。下がこんな開いていて上がこんな狭いとか。現地の人間にその説明をすると『なんでこれがダメなんだ』ということになっちゃうんです。ちゃんとドアの開け閉めできるし、自動販売機として使えるじゃないかと。なんでダメなんだか、わからないと。そこから始めたんです。

まずとにかく生産現場から立て直さなくては会社経営も何もないものですから。まずそっちからだろうということで、思いつくものは何でもやりました。たぶん工場のほうは５Ｓが定着したんだと思うんですよね。それはたぶん私たちが常駐した効果だと思います」

羽鳥さんの始めた品質への取り組みは、少なくともフォアマンのレベルでは、約一年間かけた指導の末に成果を挙げ、５Ｓを定着させたといいます。フレズノ工場は、ダラスにＳＩＡのワイリー工場が完成し、ミラー工場が空いたので、これは心機一転のチャンスと考えて、フレズノには開発部門だけ残して閉鎖し、ダラスに生産移転しました。ちなみに羽鳥さんは、一九八八年に赴任して以降五年間駐在し、日本の本社工場に二年間勤務したのち、ふたたびVENDOアメリカに赴任してさらに五年間、あわせて一〇年間駐在し、現地の品質経営のレベルアップに貢献しました。

さて歴史年表に記した出来事で、もう一つ補足しておきたいのは、二〇〇六年にデミング賞を受賞したことです。この年は、サンデンの現地法人SIAとSIS（サンデン・シンガポール）の二社が、そろってデミング賞実施賞の栄誉に輝いています。

デミング賞は、全社的な品質管理に取り組み、優れた成果を挙げた会社に授与されるもので、サンデン本体も独自の「STQM活動」が評価され、一九九八年に受賞しています。STQM（サンデンTQM）は、サンデン独自の、仕事の品質やマネジメントの品質を全部門で改善していくための全社的活動のことですが、その年（一九九八年）の一月、サンデン本社は、グループ会社や海外の生産拠点も含めて、オールサンデンでSTQM活動を展開しようと呼びかけた「STQMグローバル展開宣言」を発表しました。この宣言は平たく言えば、海外の生産拠点も日本の工場と同じレベルの仕事ができるように会社の全部門で品質を上げていくための活動に取り組もうと呼びかけたものです。

これに呼応してSIAも準備を進め、二〇〇〇年から正式にSTQM活動を開始しま

デミング賞受賞（SIA&SIS）

した。その際に構想した基本戦略は、四段階で目標を設定し、ステップ1は経営トップ判断による過去負債（在庫、不良債権、固定費など）の一掃、ステップ2は現地スタッフ主導による日常管理システムの再構築とレベルの向上、ステップ3は成長戦略の展開（市場別成長戦略や技術機能強化）、ステップ4は経営管理システムの再構築による全社経営管理システムの充実を目指すというものです。

じつはＳＩＡは、一九九〇年代は第二次成長期として売上を伸ばしてきたのですが、利益率がともなわず、高コスト体質を抱えていました。一九九九年には、売上は三六六億円をあげながら税引き前利益はマイナス約一七億円（1ドル一〇〇円で換算）を計上し、ＳＩＡ創立以来最悪の赤字を出していました。ＳＴＱＭ基本戦略のステップ1で「過去負債の一掃」を掲げたのは、そうした背景があったのです。

この赤字体質を変えていくために、製造現場では五〇チームに編成した小集団によるＴＰＭ（トータル・プロダクティブ・メンテナンス）活動が導入され、コストダウンとプロセス改善への小集団活動が開始されました。

また日常管理システムの再構築では、各ファンクションの部門長は大半を現地スタッフとすることにし、日本人スタッフは現地マネジメントが上手く回るようにサポートに徹することにしたのです。

成長戦略では、製品開発における日米の役割を、日本の八斗島事業所は基本設計と開発で先端技術を蓄積し、ＳＩＡはアプリケーション開発と市場情報収集と顧客対応にあたるというふうに明確化したほか、二〇〇五年に顧客に密着した情報収集と技術サポートや米州トラック市場でのシェア拡大を目指して米州技術センターを設立しました。

また社内を販売、技術、製造、人事、管理の五社に分け、社内分社経営を打ち出し、損益計算書と貸借対照表を使って利益／資本についての意識の醸成をしたのです。

これらの活動を継続して進めた結果、二〇〇二年の決算から税引前利益がプラスに転じ、財務系指標はおおむね改善されました。品質面でも、顧客トラブルが激減、設備の総合稼働率も良くなり、納期遅延率も急減しました。これらの成果が評価され、ＧＭからは二〇〇五～二〇〇六年と続けて年間最優秀サプライヤー賞を受賞し、二〇〇六年のデミング賞に繋がったのです。

この間、ＳＴＱＭの指導には、東京大学の久米均教授をはじめ多くの専門の先生方に遠くダラスまで足を運んでいただき、感謝しております。ＳＩＡのデミング賞挑戦は、海外の現地法人と日本のサンデン本体が共に高い仕事の品質・会社品質を持ち、互いに支え合って成長してゆきたいという願いから生まれたものです。その初心を忘れず、ＳＩＡが、今後ますます仕事の品質・会社の品質を高めて、二一世紀のエクセレント・カンパニーへと駆け上っていくことを願ってやみません。

第四章
多様なアジア市場を開拓

アジア経済の要衝＝シンガポール

二一世紀はアジアの世紀といわれます。中国とインドが経済大国として台頭し、アセアン諸国や西アジアの中東諸国も経済成長を続けています。世界経済の成長セクターとして、アジアは存在感を増すばかりです。

しかし、サンデンが一九七四年一二月、シンガポールに拠点として事務所（ＲＯＳ＝後に三共インターナショナル・シンガポール支店（ＳＩＳ）となる）を開設した当時のアジアは、現在とはかなり違っていました。中国はまだ文化大革命の混乱の最中にあり、インドも社会主義的な混合経済のなかで停滞していました。東南アジアの国々もまだ発展途上で、たとえば国の表玄関となる国際空港ひとつ見ても簡便な施設しか見当たらず、いかにもローカルな雰囲気を漂わせていました。

すこし様子が違っていたのは、「アジア小四龍」と呼ばれた台湾、香港、シンガポール、韓国でした。これら四カ国・地域は、日本を追いかけるように一九六〇年代後半から経済発展を始めていました。一九七九年発表のＯＥＣＤ（経済開発協力機構）報告書は、発展途上国のうち石油危機後も経済成長を続ける国として、メキシコやブラジルなどとともに「小四龍」をあげ、ＮＩＣｓ（新興工業国、のちＮＩＥｓ＝新興工業経済地域に改称）と命名しています。その後、アジアではタイ、マレーシア、インドネシアなどのASEAN諸国が高度成長を始めます。

経済が成長すれば、それにともなって自動車も普及します。それと並行して道路などの社会インフラの整備も始まって、モータリゼーションが進行します。自動車の製造・販売など自動車ビジネスも育ち始めます。サンデンのアジアにおける市場開拓の歩みは、これらの国々の経済発展にともなうモータリゼーションと自動車ビジネスの成長を追いかけていった足跡だったといえるでしょう。

サンデンがアジアへの最初の進出拠点に選んだシンガポールは、マレー半島南端に位置する小さな島国です。面積は東京二三区とほぼ同じ広さで、人口は当時で二〇〇万人を少し超えた程度。同国内を一つの市場としてとらえる限り、将来の発展性はあまり考えられない状況でした。

しかし、シンガポールは、インド洋からマラッカ海峡を経て南シナ海に抜ける際の海洋航路の要衝にあり、昔から交易の中継地として栄えてきた都市国家です。マレーシア、インドネシア、オーストラリアはもちろん、タイやインドにも出て行きやすい地の利から、将来、アジア全域の経済の中心地になるであろうことは、十分に予測できました。

そういう意味では、日本から見ると香港が有力な候補地であると思いましたが、世界から見ると違っているようで、その将来性を考え、またボブ等の意見をいれて、最終的にシンガポールを選んだのです。シンガポール国内にとどまらずアジア全域でビジネスを展開することを想定し、そのヘッドクォーターと位置づけて、シンガポールの中心街・オーチャードロードに開設した事務所でした。

初代のROS所長は、ミッチェル社でアジア担当だったボブ・ジョーンズです。前にも述べたように、ボブは、私がシンガポールだけでなくヨーロッパなど北南米を除く世界全地域の市場開拓を託した人物です。

ROSを設立した当初、私はよくボブと二人でアジア各地を回り、ミッチェル社の旧販売代理店をはじめカーエアコンのビジネスに意欲を持ってくれそうな経営者を訪ねて歩いたのを憶えています。アジアだけでなく、ヨーロッパ各地にあるミッチェルの旧代理店や自動車メーカーも訪ねて回りました。

そんななかで出会い、のちに合弁の現地法人をつくるパートナーとなってくれた人たちに、たとえばSAM（三共インタナショナル・マレーシア）に協力してくれたデビッド・ラオ、アラン・タン、ダトウ・タン、インドネシアではSJI（サンデン・インドネシア）パートーナーのジミー・バディマン、STC（サンデン・テコ）のジャルパット、インドではSVL（三共ヴィーカス・インド）の設立を引き受けてくれたA・K・アガワルなどの人たちがいます。彼らの存在なくしてサンデンの今日のアジア市場での展開はなかったと言えます。

ボブ・ジョーンズの奮闘

草創期のROSの発展・成長は、ボブ・ジョーンズの獅子奮迅の働きに負うところが大きかったといえます。ROSには開設と同時に赴任し、ボブを補佐し、日本のSIJとの連絡役となったサブ・マネージャーがいました。筒井貞治さんです。筒井さんは、以前は商社に勤めていた途中入社組です。当時を回想して筒井さんは、こう述べています。

「ボブさんは、若いがなかなか馬力のある男でした。ミッチェルのアジア担当だっただけあってドイツやアメリカなど外国の車のメーカーやディーラー、あるいは小さな自動車修理工場のようなところにも飛び込んで営業し、精力的に事業を引っ張っていました。気候的に一年中暑いところですから、クーラーを取り付けると涼しいと売り込むと、引き合いはずいぶんありました。でも、爆発的に売れるということはなかったですね。まだシンガポールは車よりも人力車みたいなのが多かった時代ですから。
私の役割は、例えばシンガポールにある日本の銀行だとか役所とかに一緒に行って、通訳を兼ねて説明するというようなことでした。輸入業務なども私がお客さんと話をして、船積みの手配や船積書類は日本から直接お客さんの方に送っていました。シンガポール事務所はタッチしませんでした」

筒井 貞治氏

筒井さんは、四年近くシンガポール支店に勤務し、一九七七年にSIJに戻っています。最初はボブと筒井さんの二人だけでオープンした同支店も、筒井さんが去るときは総勢七人になっていました。アジア市場の開拓に果敢に挑戦して一定の基盤を築いたROSの業務は、一九七七年十二月、サンデンが一〇〇%出資して設立した現地法人SIS（サンデン・インターナショナル・シンガポール）に引き継がれて役割を終えました。

新生SISの社長には、ボブ・ジョーンズにそのまま就任してもらいました。同じ一〇〇%出資の現地法人でもSIAは日本人が最高責任者を務めたのに対し、SISは英国人のボブに委ねたのです。それだけボブの市場開拓力＝突破力を買っていたからでもあります。

日本からは筒井さんに代わる社員が、海外ビジネス習得の研修目的を兼ねて何人も派遣されました。その一人に小畑逸男さん（のちのＳＩＪ取締役専務）がいます。小畑さんも途中入社組で、以前は大手化繊メーカーに勤めていました。ＳＩＪには一九七七年に入社し、八一年から八九年まで八年間、ＳＩＳに駐在しました。ＳＩＳに赴任した当時に目にしたボブの働きぶりについて、小畑さんはこう回想しています。

「私はＳＩＪに入社して数年間は東京にいて海外の管理的な業務を担当していましたが、あるとき、ＳＩＳのボブから『お金がこれだけ欲しい』と言ってきたことがありました。ＳＩＳで手許資金が不足したとき、ボブは自分の財産を質屋か何かに入れてでも現地スタッフの給料などを払ったりしていたのです。そのお金を払ってくれないかということだったんですね。そういうふうに、ボブという人は、ともかく仕事をまっすぐ前に進めたいという一念がものすごい人でした。私は管理畑の人間で、ボブが決定する事項について日本に連絡し調整をする役割でしたが、カーエアコンのこともイロハから教えてもらいながら、後にくっついて歩いて営業関係の仕事もサポートしました」

小畑 逸男氏

小畑さんが言うように、一途に仕事に取り組むボブと、日本のＳＩＪとの間に、ときどき意思決定の仕方や方法をめぐって微妙

な行き違いが生じる場合もありました。それはボブだからというより、欧米企業と日本企業の間の企業文化の違いから生じた問題といっていいかもしれません。外資系に勤める日本人がそのギャップにとまどうように、日本企業で働く外国人社員もまた目に見えない文化の壁に突き当たります。そのあたりの問題もふくめて、ボブは、シンガポール支店に赴任した当時のことを、次のように回想しています。ちなみに、この発言は、サンデン創立七十周年を記念したＯＢインタビューで話してくれた内容を要約したものの一部です。

〈自分にとって理解し難いことの一つが、日本式の稟議制度でした。とくに最終決断までに時間がかかり過ぎることに納得できませんでした。このことは、マイクさん（※私、牛久保雅美のこと）にも「西洋人にとって理解し難いことだ」と説明したことがあります。その際、「一番面倒な点は、多くの人が承認をする決まりがあるのに、全員が必ずしもすべての事情を理解しているわけではないことだ」と言いました。マイクさんは私の話を注意深く聞いたあとで、「日本以外のことについては自分で決断してよい。しかし、決断したことはすべて報告するように」という指示をくれました。

マイクさんは平均的な日本人ビジネスマンではない人です。社長室に座って稟議書が回ってくるのを待っている人ではなく、外で会社のために戦う新しいタイプのビジネスマンです。日本と西洋のマネジメントスタイルのベストなところを取り出し融合させている経営者だと思いました。

実際、彼はいつも自分の判断を明確に示してくれました。日本人のマネジャーには難局に直面すると他の人を傷つけないように物事をはっきり言わない人がいますが、マイクさんは、私がやっていることに反対のときは、すぐに自分の意見を明確に述べて、直接、指示してくれました。私が判断したことの全部が正しいとは限らないわけですから、こうしたことは大切なことです。

そういえば、シンガポールに赴任して間もない頃、私は他社との比較広告の効果を強く信じていて、あるとき、「競合企業（日本企業）の製品は良いがサンデン製品のほうが勝っている。その理由はこうだ」と訴求した広告を打ったことがあります。

ところが、その件を日本に報告する前に、すでにその競合企業の社長からマイクさんに苦情が届いていました。それを聞いて、マイクさんは私に「日本の企業では、そういう比較広告はやらない」と指摘してくれました。そのメッセージは明確でしたし、よく理解できたので、直ちに広告を取り止めました。これは私の決断が先行して、間違ったことがわかって修正したことの一例です〉

このインタビューでボブもすこし触れていますが、私はサンデンが海外展開していくとき、現地社員や外国人経営者や管理者に意欲的に働いてもらうには、彼らと正面から向き合い、彼らの意見や提案、質問などに対してこちらの考えをきちんと伝えることが大事だと考えてきました。また、彼らのなかでもリーダーシップがあり、現地社員を束ねる能力を持つ人物を見つけ出して、その人に権限を委譲し、マネジメントを任せる——これが現地法人を運営していく際の肝になるだろうということです。この考え方は、ボブをはじめとする外国人社員との長い付き合いのなかで確信を持つようになりました。

ＳＩＳを基点にアジアに合弁会社のネットワーク

現地法人ＳＩＳの事業実績は、アジア経済の成長とともに順調に伸びていきました。図—3の年間売上の推移のグラフが示すように、一九八五年に五〇億円に到達し、一九九〇年には一〇〇億円を超え、一九九三年には一五〇億円を突破しています。一九九八年はアジア通貨危機の影響で落ち込みましたが、以降は再び一〇〇億円台に回復して今日に至っています。ゼロから始めたＳＩＳが、安定的に一〇〇億円以上を売り上げる企業に成長したのです。

■SIS売上高の推移

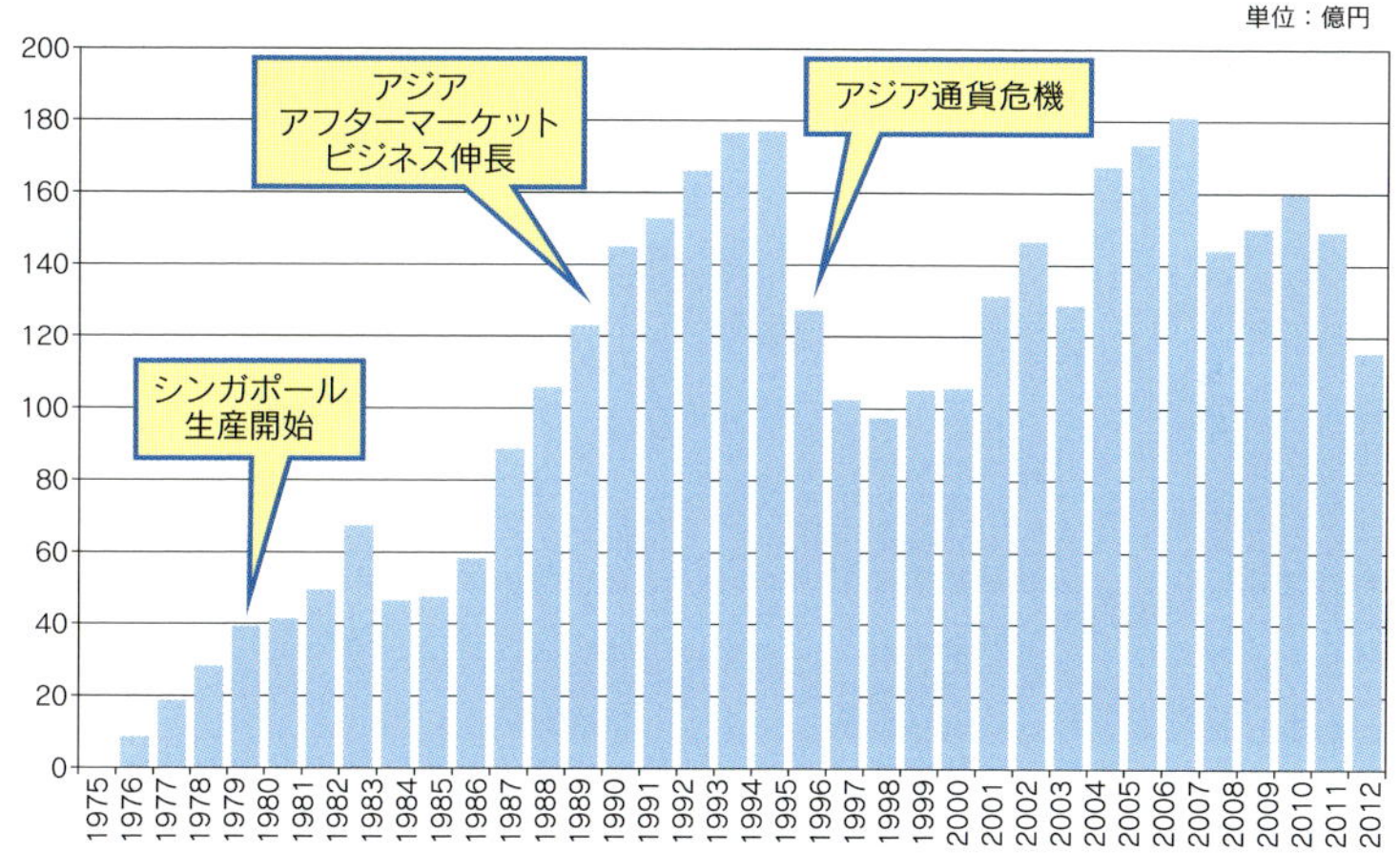

■生産・販売台数

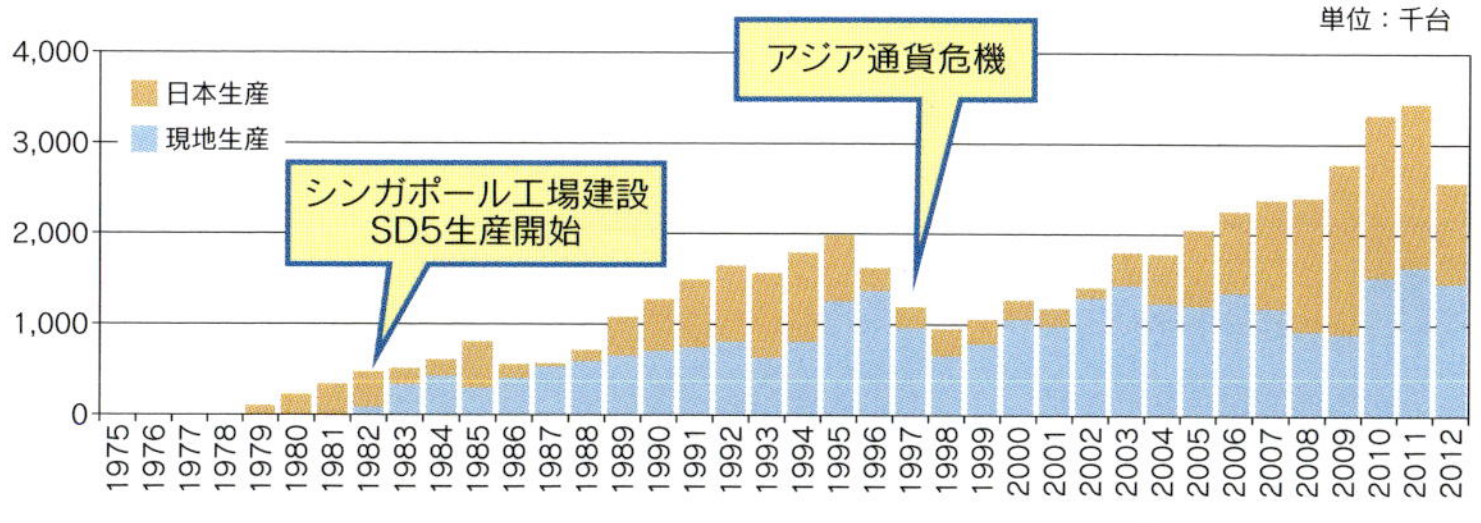

図－3　SISの売上の推移、生産・販売台数

SIS工場

SISオフィス

ここまで到達できたのは、第一にアジア各地にＳＩＳが出資するかたちで次々に合弁の現地法人を設立していったこと、第二にシンガポールにＳＤコンプレッサーの生産工場を起ち上げたことが大きかったと思います。

第一のＳＩＳ出資の現地法人については、特に一九八〇年代にアジア各地で合弁会社をつくっています。出資比率は各国の事情によりそれぞれ違いますが、この時代、アジアの国々にはまだその国の国産自動車会社は存在しないか、育成期間中でした。前出の小畑さんによれば、合弁の相手は「あるときは不動産業者、あるときはカーエアコンのアフターマーケットで少しずつ売っていたディーラー」などで、ボブが中心になってサンデンと一緒にやろうという人を見つけ出して交渉して歩いたのです。

ＳＩＡに続く海外第二のコンプレッサー工場については、ＳＩＳは一九八二年にコンプレッサー工場を起ち上げています。その当時、シンガポールには「パイオニア・ステータス」という産業振興政策があり、同国で製造されていない製品の工場をつくると一五年間、法人税が免除になるという優遇制度がありました。この制度を利用して敷地面積一万一〇〇〇平方フィートの工場をつくったのです。

米国のＳＩＡでは、すでに二年前（一九八〇年）にミラー工場が操業を開始していますが、これで米国とシンガポール、そして日本の三極でＳＤコンプレッサーの生産が開始されたことになりました。最初は販売拠点として設置した海外法人が、顧客の要望に即応できるよう現地生産もする海外法人に進化をとげていったのです。

これに張り切ったボブは、ユーザーたちに「ぜひシンガポール工場を見に来てほしい。コンプレッサーを作っているところを自分の目で見れば、必ず買いたくなるはずです」と説いて回ったといいます。実際に、シンガポールでつくったコンプレッサーは、しだいにマレーシア、タイ、インドネシア、さらにインドにも輸出されるようになりました。

さらに、SISが先導して、一九七九年に海峡一つ隔てたマレーシアのジョホールバールにも、マレーシア政府からの熱心な勧めで部品工場を建設。シンガポール以外の国々でも生産拠点がつくられようになっていきました。

年表で見るSISの歩み

以下は、これまでふれたことを含めて、SISの沿革を年表にしたものです。

［SISの歩み］

・一九七四年　シンガポール事務所（ROS）を設立
・七七年　ROSを現地法人化し三共インターナショナル・シンガポール（SIS）設立
・七八年　現地法人三共エアコンディショニング・マレーシア（SAM）設立
・七八年　現地法人三共インターナショナル・オーストラリア（SIO）設立
・七九年　現地法人三共インターナショナル・マレーシア（SIM）設立
・八〇年　三共インターナショナル・タイワン（SIT）事務所設立
・八一年　SITを現地法人化し台湾群馬冷気股有限公司（SIT）設立
・八二年　三共からサンデンへの社名変更に伴い「三共」を「サンデン」に統一。
SISもサンデン・インターナショナ・シンガポールに変更
現地法人サンデン・ヴィーカス・インド（SVL）設立
SISのシンガポール工場完成、コンプレッサーの現地生産開始
・八三年　SIT社名をサンデン台湾股有限公司に変更
・八七年　プラナブビーカス（インド）を設立
・八八年　現地法人P・T・サンデンジャワ（インドネシア）（SJI）設立

・八八年　パキスタンラホールにサンパックエンジニアリングインダストリ（SPK）設立

・八九年　タイに現地法人サンデン・レフレジレーション・タイランド（SRT）を設立しショーケース工場が稼働開始。SIS、フィリピントヨタのカローラと軽トラック用にSDコンプの採用が決定。三菱、日産、ダイハツにも採用決定。

・九〇年　マニラ（フィリピン）と広州（中国）に連絡事務所開設

・九〇年　ソンサムインタークール（タイ）に資本参加

・九二年　タイに合弁で現地法人サンデン・テコ（STC）設立

・九三年　SIS　ISO9002取得

・九三年　香港に現地法人サンデン・インタークール・チャイナ（SIC）設立。

・九五年　フィリピンに現地法人サンデン・インタナショナル・フィリピン（SIP）設立

・九五年　SRTとSTCを統合し新STCを設立

・九六年　フィリピンSIPを解散し新にSAPを設立

・九八年　パキスタンに現地法人サンパックエンジニアリングインダストリーズ（S

ＰＫ）を設立

・一九九九年　イランに現地法人イラニアン・サンデン・インダストリー（ＩＳＩ）を設立

・二〇〇〇年　アラブ首長国連邦のドバイに現地法人サンデンアルサラムＬＬＣ（ＳＡＳ）設立

・〇〇年　サンデンインタナショナル（香港）（ＳＩＣ）を閉鎖

・〇〇年　イランにイラニアンサンデンインダストリーズ（ＩＳＩ）を設立

・〇二年　ＳＩＳシリンダーヘッド生産開始

・〇三年　ＳＩＳシャフトローター生産開始。イランビジネス拡大

・〇三年　インドネシアに現地法人Ｐ・Ｔ・サンデン・インドネシア（ＰＳＩ）設立

・〇四年　フィリピンのＳＡＰを閉鎖して新たに現地法人オートモーティヴ・エアコンディショニング・テクノロジー・フィリピン（ＡＴＰ）を設立

・〇五年　ＳＩＳ　Ｒ４０４ａ冷媒のＳＤ５、ＳＤ７の生産開始
タイのＳＲＴとＳＴＣを合併しサンデン・タイランド（ＳＴＣ）として発足

・〇六年　ＳＩＳ　デミング賞受賞

・一一年　SVL　デミング賞受賞
・一二年　SIS　RV新コンプレッサーの特許取得
・一三年　サンデンビーカスプレシジョンパーツ（インド）を設立
・一三年　SIS　ダッシュボード、ドアパネルの新ビジネス開始
・一五年　カンボジア、ミャンマー、ナイジェリア、アンゴラ、中央アジア、ロシアで新市場開発の活動開始
・二〇一七年　韓国にサンデンリテールシステムズコリア（SRK）設立

こうしてSISの歩みを振り返ってみると、まだ発展途上で市場規模も小さかったアジア各地を回ってすこしずつ顧客を開拓し、よくこれだけの子会社や現地法人のネットワークを築きあげたものだ、と感慨ひとしおです。

SISは、当初はボブ・ジョーンズが担当したアジアとヨーロッパ、つまり北南米以外の海外市場を統括的に見ていく海外拠点と位置づけてスタートしました。しかし、一九七八年に英国に三共インターナショナル・ヨーロッパ（SIE）を開設（現地法人化は一九七九年）して以後は、欧州を担当区域から外しています。

それでも、二〇〇〇年代からは、すこしずつ経済成長を始めているアフリカ諸国も担当

地域に組み込んで事業展開をしています。SISが担ってきた市場の開発と事業拡大、そして地域統括本部としてアジアの子会社を優良会社になるよう支援をするという役割は、ますます大きく、重くなっていくと言えるでしょう。誤解を恐れずに言えば、近い将来、アジア・アフリカが北米市場を凌ぐ巨大な市場に成長することも夢ではなく、SISが各子会社のネットワークの中核企業としてますます存在感を高めていくことになるだろうと思っています。

SISの歴史でもう一つ特筆しておきたいのは、二〇〇六年度にデミング賞を受賞したことです。前にも述べたように米国の現地法人SIAと同時の受賞でした。同じ企業の二つの現地法人が同じ年度にダブルで受賞することは、デミング賞の歴史でもあまり例のないことではないでしょうか。

サンデンは一九九八年にデミング賞実施賞を受賞し、それを機に「STQMグローバル展開宣言」を発表し、海外の拠点も仕事の品質・会社の品質の改善に取り組み、デミング賞レベルの仕事ができるようにすることを目標として掲げました。現地法人も含めて「共にグローバル・エクセレントカンパニーになろう」という目標設定に間違いはなかったと思わせてくれたのが、この二〇〇六年度のダブル受賞でした。

ちなみに私は、SIJとサンデン販売とサンデンの三社が合併した一九八七年にサンデンの副社長に、二年後の一九八九年には取締役社長になり、一二年間、その任務に就いていました。社長ということは、一部門だけでなく全体の事業運営に責任を負うと立場、つまり自動車機器部門だけでなく、自販機など食品機器部門や流通関連機器部門など全体を統括していく立場になったということです。このため、気軽に海外に出張して現地法人や重要顧客を訪ねることは、従来のようにはできなくなりました。それでも、一年間で三〇日くらいは海外に出張していたでしょうか。現地の市場動向をできるだけ肌で把握したいと思っていたからです。

この間にアジアに設立した合弁会社の数は、一〇社近くに及びんでいます。個々の合弁パートナーの経営者たちとは私も何度か会っていますが、以下、ＳＩＳが主導してできたアジアの現地法人のいくつかを取り上げ、そのあらましを見ていくことにします。

SAM——マレーシア国民車へのOEMで成長軌道へ

シンガポールに隣接するマレーシアには、SAM(サンデン・エアコンディショニング・マレーシア)とSIM(サンデン・インターナショナル・マレーシア)という二つの現地法人があります。SAMの設立は一九七八年、SIMは一九七九年で、共にカーエアコン関連の生産設備を持ち、四〇年近い歴史をもつ現地法人です。

このうちSIMは、マレーシア政府の経済開発局のような部署から、とにかくジョホールバールに生産工場をつくってほしいという強い要請があってつくったものです。ジョホールバールは、国境の海峡を跨いでシンガポールと目と鼻の先にある街です。SIMの経営は、アラン・チーなどボブ・ジョーンズが紹介した人たちが担当しました。そうした経緯も含めて、SIMはSIS直轄のカーエアコン関連部品の生産工場としての色彩が強いことから、また二〇一八年二月に閉鎖されたことから、ここではSAMに限定してお話ししていくことにします。

さて、SAMについて見ていく前にすこしふれておかなければならないことがあります。それは、マレーシア特有のマレー人優遇政策(ブミプトラ政策)についてです。マレーシアは、国土面積三三万平方キロ(日本の〇・九倍)、人口は約三〇〇〇万人。そのうち約七割をマレー系住民が占め、残りは中国系とインド系という複雑な人口構成です。一九五七年に英国から独立してマラヤ連邦を建国したのですが、多数派でイスラム教徒のマレー系と経済的優位に立つ中国系の対立が激化した結果、一九六五年にシンガポールが分離・独立し、現在のマレーシアになりました。以来、教育、就職、住宅入居、銀行融資など各分野で「ブミプトラ」と呼ばれる独特のマレー人優遇政策が続けられてきました。

この「マレー人優遇」を経済面でも打ち出したのが、日本でもよく知られているマハティール首相でした。同首相は、戦後、奇跡の復興をとげてGDP世界第二位の経済大国になった日本を高く評価し、「ルック・イースト、日本に学べ」と日本に留学生を送るとともに、日本企業との技術・資本両面における提携関係を推奨しました。その反面で、ブミプトラ政策は堅持し、例えば外国資本がマレーシアに会社を設立するようなときは、強制的にマレー人を株主にし、役員や社員の一定割合はマレー人でなければならないとしました。また、マレー人が一〇〇%出資している会社は、政府系の仕事を優先的に受注できることや業務上の特定の免許などを優先的に発給するなどの恩典を与えました。この優遇策は、外国企業から見れば一種の非関税障壁でもありました。

そのマレーシアに現地法人SAMを設立したのは、SIS設立（一九七七年）の翌年のことです。当時、SIJはアジアにはエアコンシステムをパッケージで売り込む方針でしたが、東南アジアはまだモータリゼーションが始まったばかりで、カーエアコンシステムを本格的に展開している事業者はいませんでした。現地のエアコン業者が単品でコンプレッサーを買い、それにいろんな部品を付けて後付けの汎用エアコンシステムに仕立てて販売しているのが実情でした。

そんななか、マレーシアでは旧ミッチェル社時代の代理店があり、最初はそこと取引をしていましたが、あまり意欲的に動いてくれませんでした。そこで、当時、同地で人気が高かったホンダ車のディーラーと関係の深かったエアコン業者のアラン・タンを合弁のパートナーにして、SAMを起ち上げ、日本で開発したホンダ車専用のエアコンシステムを販売したのです。

久保井 正治氏

しかし、販売数量は意外に伸びず、月にせいぜい数百台のレベルにとどまっていました。やがてSAMは経営不振に陥り、日本のSIJへの決済も滞りがちになります。そこで一九八五年、そのテコ入れのために赴任してもらったのが、久保井正治さんです。久保井さんは一九五七年に入社し、最初は家電製品の販売や発電ランプの輸出業務を担当し、その後、SIJに移り、ホンダ車専用のエアコンシステムの輸出業務やROS（シンガポール支店）

の後方支援業務に従事していた人です。

売上が伸びないといっても、サンデンにとってＳＡＭはマレーシアでエアコンシステムを扱う唯一の会社でした。着任した久保井さんは、何とか今後も安定的に事業を継続していけるようにする道はないかと、まず経営実態の調査をしたところ、ＳＡＭは仕入れコストと販売価格の間にギャップがあり、売れば売るほど赤字が出る仕組みになっていることがわかりました。現地経営陣に、最後は日本の会社が何とかしてくれるだろうという甘い気持ちがあることも見えてきました。そこで、久保井さんは、思い切った改善策をＳＩＪトップに提起しました。その内容について、久保井さんはこう語っています。

「現地に行ってみると、経営の問題よりも、サンデンの知名度が低いことにがっかりしました。単品としてのコンプレッサーは知られていても、エアコンメーカーとしてのサンデンの旗は立っていないのです。これではダメだと思い、これまでの従業員、施設などを全部引き取って、新会社として再スタートする提案をしたのです」

ＳＩＪはこれを了承し、久保井さんにはリニューアルしたＳＡＭの社長として陣頭指揮を執ってもらいました。

ちょうどその頃、マレーシアではこれから始まるモータリゼーションに向けて、政府が日本の三菱自動車と合弁で国策の自動車会社プロトン社を立ち上げ、セダンタイプの国民

SAM（社員一同と）

車プロトン・サガの販売を始めていました。プロトンの国民車は、税制面で圧倒的に優遇するいっぽうで、輸入車には輸入関税を一〇〇％近くもかけていましたから、国民車はすぐに市場を席巻しました。こうなると、プロトンにカーエアコンをＯＥＭで採用してもらえるかどうかは、新生ＳＡＭの存続に関わる問題でもありました。

しかし、ＯＥＭ獲得に挑戦するには、まずブミプトラ政策に適うように、マレー人を優遇し、人材を育て、国の技術も確立していくことが必要でした。そのために現地生産比率をあげていかなければなりません。そうした条件の整った会社であれば優遇されるので、マレー人の管理者も採用し、現地で生産できるようにカーエアコンとコンプレッサーのラインを備えた生産工場もつくりました。

現地生産は、すでに一九七九年にＳＩＭがジョホールバールでエアコン関連の部品工場をつくり、やがてコンプレッサーの生産も手がけるようになっていました。しかし、その販売数量はあまり多くなく、コンプレッサーだけはマレーシアの後付け市場に入っていましたが、ＯＥＭは皆無の状態でした。そういうなかで、マレーシアでサンデンの知名度を上げるためにも、生産と販売をトータルにできる会社にすべきだと考えて、ＳＡＭでも現地生産ができるようにしたのです。

こうした企業体制の整備に加えて、やはりボブ・ジョーンズの紹介で現地採用したデビッド・ラウの営業努力が功を奏して、プロトンのＯＥＭにサンデン製品が採用されることが決定したのです。さらに、次の第二国民車のプロドゥア社（ダイハツとの合弁）のときは、すでに現地生産がかなり進んで実績をあげていたことが評価され、比較的スムーズに採用が決定しました。この二つの国民車のＯＥＭに入れたことで、ＳＡＭの経営は、その後は安定軌道に乗ることができました。

久保井さんはＳＡＭに九六年まで駐在しましたが、その間にＳＡＭの年間売上は約一〇倍に伸び、居抜きで引き継いだ現地従業員も七〇〜八〇人だったのが一五〇人に増えています。彼らの待遇や福祉面についても、それまではなかった退職金積み立て制度を導入するなど、大幅に改善して、モラールアップを図ったといいます。

このほかＳＡＭのマネジメントで配慮したのは、パーティなどで宗教や文化の異なる民族（マレー系、中国系、インド系）の従業員が同じ場所に集うようなときの食事の問題だったといいます。以下は久保井さんの述懐です。

「マレー人はイスラム教ですから豚は食べてはいけないなどの戒律があります。大勢で食事をする場合は、どういう顔ぶれか見て、そのなかにマレー人がいれば絶対に中国料理の店には入りません。中華料理はどうしても豚が入りますから。また、年に一回の会社の夕食会、アニバーサリー・パーティは家族も招待してホテルでやるのですが、マレー人とそれ以外の人たちのテーブルを分けまして、マレー人のテーブルには豚の入った料理はいっさい出さないという配慮をしていました」

久保井さんが離任した翌年の一九九七年夏、タイのバーツ危機に端を発した通貨危機がアジア各国を襲い、SAMの業績も急落しました。しかし、それは一時的な景気後退で、その後はV字回復をとげています。

SAM

SIT（台湾）――自動車機器だけでなく食品・流通機器を展開

台湾は、戦後のアジアで日本に次ぐ経済発展をとげた「アジア小四龍」のひとつで、日本の九州よりやや小さな島国です。人口は約二三五〇万人。一八九五年に日本の領土となり、第二次世界大戦終了までの五〇年間、日本の統治下におかれた歴史があります。

その台湾にもミッチェル社の代理店がありましたが、あまり機能していませんでした。このため、シンガポール事務所を（ROS）を開設した頃、ボブ・ジョーンズと二人で、台湾まで売り込みに行った記憶があります。たしかアン（安志超）さんの紹介を受けていちばん最初に訪問したのが、じつはユーロンだったと思います。しかし、ユーロンは日産の工場ですから、話はそれで終わりになってしまいました。よく知らないで行ってしまったのです。やむなく、アンさんとホテルで電話のイエローページを探して、「アンさん、この会社に連れてってくれ」と頼みました。それが、ホンダの工場をしているサイヤン（三陽工業）でした。サイヤンとの取引の始まりは、そのときからだったと思います。

そのようにして台湾との取引が始まったのですが、サンデンの台湾事務所（ROT）を設置したのは、一九八〇年のことでした。しかし、その翌年（一九八一年）に現地法人台湾群馬冷気股份有限公司（に改名）が設立され、ROTはその役割を終えています。

新しく設立した現地法人の社名を群馬冷気としたのは、第三者によって〝サンデン〟の商標が登記されていたからでした。群馬冷気は、当初、合弁会社としてスタートしましたが、ほどなく合弁を解消し、社名も一九八三年に三電台湾股有限公司＝（ＳＩＴ）に改め、現在はサンデンが一〇〇％出資する現地法人です。

この草創期のＳＩＴで奮闘したのが、蓼沼明さんです。蓼沼さんは、一九八四年に赴任し、約一〇年間、台湾に駐在してＳＩＴの基盤をつくった人です。彼もまた中途採用組でサンデンに入社する前は商社に勤めていました。しかし、商社という形態に限界を感じ、メーカーで海外展開する仕事をしたいと思っていたところ、「群馬のソニー」というキャッチの人材募集広告が目にとまり、これだと思って応募したといいます。

「私がやりたかったのは市場を開拓していく仕事です。なかでも食品関係のショーケースとか自動販売機の海外展開です。もう一つは、学生時代に中国語を学んだので、中国関係の仕事です。そこにＲＯＴ（台湾支店）ができたと聞き、ぜひ行かせてほしいとマイクさんにお願いしたんです。それから一～二年して、『駐在員の交代時期が来たので行くか』という声がかかり、喜んで赴任し

蓼沼　明氏

ました。それが一九八三年で、すべてはそこから始まったんです。当初は三年間くらいのつもりが、結局、一〇年になりました」

蓼沼さんが赴任した一九八〇年代、台湾は蒋介石の長男・蒋経国総統のもとで経済が開放され、実質成長率七・六％という高度成長をひた走っていました。自動車が急激に普及し始めたことも、揺籃期のＳＩＴには追い風となりました。蓼沼さんは、ホンダ、ルノー、三菱、フォード、日産、フォルクスワーゲンなどの現地メーカーを回って市場を広げたといいます。当時の台湾にはコンプレッサーメーカーもカーエアコンシステムを扱う業者もなかったので、面白いように顧客を開拓できたといいいます。

ところが好事魔多しで、一九八五年秋のプラザ合意から急激な円高が進み、輸出環境が極端に悪化します。八五年の年初、１ドル２５２円だった為替レートが一九八八年の年初には１ドル１２１円にまで高騰した。その影響をＳＩＴももろに受けてしまいました。その状況を、蓼沼さんはこう話しています。

「当時の台湾の一番の特徴はフルセット、要するにシステム。コンプレッサー以外にコンデンサーやパイプなどの周りがあるわけです。そうすると現地化、現地部品を採用することになるわけです。そのために今度は工場が必要ですよね。

といっても、一番大事な根っこの部品は日本から輸入し、周りは台湾で調達するという現地化です。だけれどその場合に現地の品質レベルと、ホンダやフォードなど自動車メーカーの基準との間にかなりギャップがあるわけです。そこで、日本から開発、品質、資材など工場関連の人に来てもらって、現地化を進めるという前提で工場づくりをしてもらうわけです。そうなると大変なコストがかかる。そのうえ、日本からの基幹部品は円高でどんどん価格が高くなる。そこで顧客との値上げ交渉になるんですが、値上げしても為替でまた値上げとなると、そこは難しいわけです。要するに現地化したってそんなに簡単には行かないわけです」

蓼沼さんが、カーエアコンのほかにもうひとつの柱として挑戦したのが、当時はまだ誰も海外展開を始めていなかった食品関連の機器を現地の食品関係の企業に売り込むことでした。蓼沼さんは、冷凍ショーケースや自動販売機を取り入れた店舗展開はこうする、日本ではこうしているといった提案を相手先の経営トップに提案しながら少しずつ顧客を開拓していったといいます。特に自動販売機のセールスでは、販売だけでなく飲料を装填したりするオペレーターの実態を日本に招いて教えたそうです。

そうした努力が実って、カーエアコンと食品流通機器を合わせたＳＩＴの年間売上は、蓼沼さんの着任当初の約四億円から一〇年間で約七〇億円にまで伸びました。

SIT

SIT

SIT

ＳＶＬ（インド）――合弁会社の模範生

ＳＶＬ（サンデン・ヴィーカス）は、一九八二年、インド北西部、デリーに近いハリヤナ州ファリダバードに設立されたインドで初めてのカーエアコン製造会社です。

インドは日本の約八・五倍という広い国土を持ち、人口は約一三億人と日本のほぼ一〇倍。二〇〇〇年代からめざましい経済成長をとげて、いまやＧＤＰは二・四億ドル（名目）で世界第七位（二〇一六年）という経済大国です。

しかし、ＳＶＬを設立した当時のインドは、まだ発展途上で、長かった社会主義的中央集権の経済から市場経済を模索しようする段階にありました。その象徴ともいえるのが、一九八一年に日本のスズキ自動車がインド政府と合弁の自動車会社マルチ・スズキ・インディアを設立したことです。製造工場はハリヤナ州に建設され、一九八三年から四輪車の生産を開始したのです。そのタイミングに合わせて、サンデンもスズキ向けのカーエアコンを組み立てる現地法人ＳＶＬをつくったのです。

ＳＶＬの合弁のパートナーは、前にも述べた通りヴィーカス・グループを率いるＡ・Ｋ・アガワルです。私もボブ・ジョーンズの紹介で会って、その人となりはよく知っています。インドのビジネスマンというと、アグレッシブで勘定高いことで知られていますが、Ａ・

K・アガワルは真摯に仕事に取り組み、人間的に温かみのある好人物です。

草創期のSVLの歩んだ道は、決して平坦ではありませんでした。インド経済自体が低迷していて、モータリゼーションも遅々として進まなかったからです。一九八〇代後半には主要貿易相手国だったソ連（現ロシア）の国際収支が悪化し、インドはディフォルト寸前に陥ります。未曾有の経済危機のなかで新たに政権に就いたナラシムハ・ラオ首相らは、一九九一年、IMFと世界銀行から二八億ドルの構造調整融資を受けることを決め、その融資条件に沿って

SVLインド工場開所式

規制緩和、輸入自由化、資本の自由化、補助金の削減、輸入自由化、平均関税率の大幅引き下げなどを柱とするNEP＝新経済政策の実施に踏み切りました。自動車産業の自由化も一九九三年に実施されました。この一連の経済改革によって、ようやくインドの持続的な経済成長が始まるのです。

以後、インドは九〇年代が平均五・五％、二〇〇〇年からは八％台の高成長を続けて今日にいたります。それにともない自動車の普及率も拡大し、SVLも事業を拡大してゆきます。当初はマルチ・スズキだけだったOEM取引も、インドのビッグ3を構成するタタ・モーターズやマヒンドラ＆マヒンドラのほか海外自動車メーカーのホンダ、GM、フォード、日産ルノーなどに拡大し、業績を積み上げてきました。

大倉 孝政氏

ところで、SVLのトップは、長い間、インド側の社長が就いていましたが、途中から日本人社員に変わっています。その一人で、二〇〇八年から二〇一四年まで社長を務めた人物に、大倉孝政さんがいます。

大倉さんも商社勤務から転じた途中入社組ですが、一九七九年に入社して後は、SISを皮切りに、SJI、SIS、SIO、SAM、SVE（サンデン・ベンドー・イタリー）、

SOE（サンデン・ヨーロッパ）、そしてSVLと、ずっと海外駐在を繰り返してきた強者です。SVLをふくめてこれまでのサンデンにおける自らの歩みを振り返って、大倉さんはこう述べています。

「八〇年代から九〇年代にかけて、サンデンは大変な勢いで海外展開してきました。そのなかで私はずっと現地法人の責任者というかたちで赴任してきましたが、ある意味で、楽しく伸び伸びとやらせていただきました。それを許容する環境が、サンデンにはあったと思います。私は、東南アジアを含めて基本的に経済成長している国に来ていたので、変な話、かなり雑でも通用してしまう。逆に言えば、かなりスピード感を持ってやらないと追いついていかないという環境です。だから、スピードを高めるには、まだよく見えないところもやっていくうちに何とかしようというやり方、そういうことがまだ許される文化があった時代だと思います」

二〇〇八年七月、大倉さんが赴任してすぐの時期、SVLはリーマンショックに遭遇しています。しかし、インドは先進諸国のような影響はほとんどなく、一カ月ほど前年比でちょっとダウンした程度で、翌月には回復し、またずっと伸びて行きました。

ただ、電力事情は相変わらず悪く、まだ需要の八割ぐらいしか確保できていないのが実情だといいます。電力不足はメーカーにとって生産計画に影響する重要な問題です。近年、インド政府は安定的に電力を供給するために原子力発電所の建設を進めていますが、まだいつ停電になるかわからない状態は続いており、工場にはジェネレーターが欠かせないようです。ジェネレーターを使えば、ジーゼルエンジンを回すのに石油が必要になりますから、やはり電気代は高くなります。インドは人件費が安いといわれる反面、原油は輸入に依存しているので、電気料金や光熱費が高くつくのが難点だといえます。

それでも、大倉さんによればモータリゼーションの基盤となるインフラ整備は着実に進んでいるといいます。猛烈な勢いで高速道路がつくられているので、あと五年もすればまた大きく様変わりするだろうというのが、彼の見通しです。最後に、大倉さんは、こう付け加えました。

「インドは、みんなが言うほどそんなに生活環境が悪いところではありません。誰でも英語がわかりますから、仕事は非常にやりやすいところです。ただ、牛とかサルとか、クジャクとか馬車とか、そういうのが普通に道路を歩いていたり走っている。要するに、昔からの交通機関と二一世紀のものが一つの道路に一緒にいるわけです。牛車があったと思ったらフェラーリが横を走っているとか、そういうおもしろさはありますね」

ＳＶＬは、二〇一三年からはサンデンの連結対象の子会社になりました。そのＳＶＬについてもう一つ書き加えておきたいのは、二〇一一年、デミング賞を受賞したことです。受賞の理由には、「二〇一五年までにインドの自動車用コンプレッサー市場で確固たる地位を確立する」という中期計画のもとに、ＳＴＱＭ活動を強力に推進したことが挙げられました。ちなみにＳＶＬはＳＴＱＭ世界大会の常連で、毎回代表チームを選出して参加しています。

サンデンの現地法人がデミング賞を受賞するのは、二〇〇六年に

2011年　SVLデミング賞受賞

SIA（アメリカ）とSIS（シンガポール）が揃って受賞して以来のことです。両社はともにサンデンが一〇〇％出資している現地法人で、その分、サンデン本社の方針を伝えやすい環境にあるといえます。ところがSVLは、インドのVIKASグループとの五〇％出資合弁会社です。パートナーの理解と協力がなければ、STQMの推進は困難だったに違いありません。その環境をつくりこんできた歴代日本側スタッフの功績とも言えますが、いずれにしてもSVLは、サンデンの海外合弁会社のなかでも模範的な会社に成長したといえるでしょう。

STCとSIC（タイ）――二つの現地法人の棲み分け

タイには、STC（サンデン・タイランド・カンパニー）とSIC（サンデン・インタークール・タイ・パブリック）という二つの現地法人があります。

STCは、今ではカーエアコン用コンプレッサーやエアコンユニットなどを主力製品とする自動車関連機器メーカーですが、その前身は冷蔵ショーケースの製造販売を目的として一九八九年に設立されたＳＲＴ（サンデン・レフレジレーション・タイランド）と、一九九二年に自動車関連機器の製造販売のために設立された旧ＳＴＣ（サンデン・テコ・タイランド）の二系列に分かれます。両社は二〇〇五年に合併して新生ＳＴＣ（サンデン・タイランド）として再スタートし、現在に至っています。

STC

SIC

いっぽうのＳＩＣ（サンデンインタークール・タイランド）は一九九〇年に設立され、自動車関連機器はつくらず、飲料やビールなどの自動販売機や冷蔵ショーケースの製造に特化して、世界一五ヵ国に輸出している会社です。

タイは、一九八〇年代に海外から直接投資を呼び込むことで経済発展をとげ、八〇年代後半、とくに一九八七年~九五年は実質ベースで年率九~一一%台の高成長をとげました。サンデンの現地法人は、ちょうどその時期に相次いで設立されたのです。

ここでお気づきになったかもしれませんが、最初に設立されたSRTとSICは共に冷蔵ショーケースや自動販売機など食品機器を製造販売する会社でした。両社ともショーケース工場を備え、現地生産をしましたが、製造した製品は、SICはタイ国内市場向けで出資比率も、SRTは九五%がサンデン(SIS含む)側であるのに対し、SICはジャルパット冷蔵グループと対等の合弁会社としてスタートしたのです。

しかし、なぜSRTとSICと自動車関連機器ではなく、食品機器をつくる会社が相次いで設立されたのでしょうか。

じつはサンデンのアジア展開には、一九八〇年代から自動販売機や冷凍・冷蔵ショーケースなどの食品・流通機器を輸出・販売してきた流れがあったのです。それをより本格的に推進したのは、SIA設立のときに貢献し、その後は英国に渡り、サンデン・インターナショナル・ヨーロッパ支店(SIE)の代表者となっていた牛久保研一君が、一九八二年に本社に戻り、食品事業のトップに就いた時期からです。牛久保事業部長(当事)は、「これからは食品・流通機器も海外展開する」という方針を出し、アジア地域でその推進を図りました。

この時期、タイで食品・流通機器の事業展開の井戸を掘った一人に、中野真一さんがいます。中野さんの生来の姓名は、カクタム（郭三）といいます。南ベトナムのサイゴンで生まれ、一九六九年に来日して日本語を一年間学び、東京工業大学に入学。大学では冷凍関連の技術を専攻し、大学院まで進みましたが、その最中に祖国ベトナム共和国（南ベトナム）が消滅（一九七五年）したため日本に残ることを決意し、私（牛久保雅美）と知己

中野 真一氏

のある東工大の一色尚次教授の紹介で一九七八年サンデンに入社。姓名を中野真一に改めたのは、その一年後のことでした。

現代史の矛盾を一身に背負わされたような運命といえますが、生きるために英語、フランス語、日本語、ベトナム語、中国語と五つの言語をマスターしたほか、中国語もマンダリン語、広東語、福建語の三つを使い分けることができ、中国・潮州の言葉に近いタイ語も会話には不自由しないというマルチリンガルの達人です。

入社後は、コンプレッサーの技術担当として主にアジアの海外法人と工場との調整業務に従事しました。その関係で、ＳＩＳが

コンプレッサー工場を立ち上げるときは、現地に出向する技術者として白羽の矢が立ち、一九八一年から三年間、SISに駐在しました。当時、シンガポールには自動販売機のオペレーションの合弁会社があったため、自販機の設計についても事前に研修を受けて赴任したといいます。その中野さんは、当時を回想してこう述べています。

「SISには、技術担当として出向しました。ちょうどそのとき、東京からインドネシアに販売したアイスクリームの冷蔵ショーケースを取り付けるために、どうしても技術者として指導に行ってほしいという話があり、上司からの指示で僕が担当になったんです。それ以来、僕の技術担当はコンプレッサーから自販機とか食品機器に変わったんですね。そして八四年だったか、牛久保研一さんが食品事業のトップに就き、これからは海外展開するという方針を出しました。そのとき彼が、『中野は食品機器担当に移してください』と要請したのです。それ以後、僕は出向ベースでアジア各地に赴き、食品機器の販売と技術責任者としてやってきました」

中野さんによると、その頃のタイやマレーシアにはヨーロッパ製の冷凍・冷蔵ショーケースが入ってきていました。しかし、サイズが大き過ぎるという弱点がありました。西洋人は大柄なので、彼らに合わせてつくった製品だと、小柄なアジアの人々には奥行や高さが合わないのです。この点は日本製のほうが合うと思い、試作品をサンデン本社でつくってもらって、売り込みを図ったところ、かなりの手応えがあったといいます。

ところが、今度は日本の三洋電機との競合が生じることになりました。これについて中野さんは、次のように話しています。

「サンデンは冷凍機を持っていなかったので、他社から買っている。そうすると、対応できない部分が出てくる。その点は三洋が有利なのですが、ただ三洋は日本の自社製じゃないと売らない。僕の東南アジアのほうは、どうしても自分が生き延びるために、スコップランドというアメリカのメーカーと組んで、対抗しました。それからはうちのシェアが圧倒的になり、タイではトップだったですね」

しかし、それで順風満帆というわけでもありませんでした。一九八五年のプラザ合意以後、急激に円高が進んだために、日本から輸出する食品・流通製品の価格が高騰してしまったのです。このため、現地との対応に強い業者と提携していくかたちを模索するようになるのは自然の流れでした。中野さんたちは、タイのメーカーやインドの業者と組んで、それぞれの代理店にサービスネットワークをつくり、サンデンの持っていない製氷機などは彼らにつくらせて、サンデンが技術支援していくという展開をめざしました。

ちょうどその折、コカ・コーラとペプシがアジアで大戦争を始めたのです。そのときサンデンにも引き合いが来ました。中野さんたちは、サンデンのショーケースだけでは対応できないと考え、タイの代理店の小さなメーカーにつくらせて、サンデンはアジアパシフィック全部の代理店への販売権を持つというかたちで対応しました。しかも、店の前に置きやすいようなロゴ入りの小さな専用ショーケースの開発を提案したのです。

それまでアジアに入っていたヨーロッパ系の専用ケースは、やはり大きくて、お店側は屋内に持ち込んで、豚肉とかいろいろなものを入れてしまうのが一般的でした。これではコーラが目立たなくなるので、コーラメーカーも困ります。中野さんたちの提案はその隙間をついたものでした。コストは安く、展開しやすく、宣伝効果も高いということで、結局、コカ・コーラもペプシ・コーラもサンデンが納入する結果になりました。

こうした食品・流通機器のビジネスと自動車用機器のビジネスの仕方の違いについて、中野さんはこう述べています。

「僕が食品に興味を持ったのは、自動車用品ならわれわれは部品メーカーですね。だから自動車メーカーがどうしても偉い立場になってしまう。これが、飲料メーカーになると、彼らがパートナーという感じで商談が来る。こういうところでこういうのを冷やして売りたい、何かアイディアがあれば提案をしてほしいとかね。そういうパートナーの関係でやっています。そこが面白いわけです」

中野さんたちは、大手飲料メーカーがアジア各地に展開していくとき、いかにコストを抑えて安定的にショーケースを供給できるか、また高い輸入税の壁をどう乗り越えるか、知恵を絞って、例えば部品だけ送って現地で組み立てる方策を講じるなど、飲料メーカーに力の及ぶかぎりの協力をしました。その結果、「サンデンはどこに行っても対応してくれる」と感謝されたといいます。

その後、食品機器の事業もだんだん大きくなり、タイでつくったものでも品質とかシステムがないといけないので、サンデンに合弁会社をつくるよう提案した。それがSIC、SRT（のちにSTC）として実を結んだ、というのが中野さんの見解です。

SICとSRTの設立の背景ついては、じつはもう一人、証言してくれたOBがいます。那珂道武さんです。三菱商事でコロンビアやオーストリアで社長を務めたのち、準定年退職制度を利用して五〇歳で辞し、一九八八年にSIJに入社したという経歴の人物です。もともと商社ではなくメーカーの仕事をしてみたかったという彼の配属先は経営企画室で、タイ現地法人設立は、入社後の初仕事だったといいます。

「入社してすぐにマイクさんから、自動車機器事業でアジアやアメリカに進出しているけれども、ショーケースは国内の取引がほとんどだ。タイにサンデンの技術でショーケースをつくりたいというパートナーが現れたので、そのプロジェクト担当をやりなさいといわれました。すぐにタイで政府の投資庁（外資を受け付けたり、選別したりする行政機関）に直接相談に行きましたが、タイ投資庁のアドバイスは、タイ国内向けショーケース・マニュファクチャリング・カンパニーと、輸出向けの製造販売会社の二つの会社を作りなさいというものでした。そうしないと輸出の還付なんかの手続きでややこしくなるし、為替のリスクの問題にしてもパートナーともめるでしょうから別会社にしなさいというのです。そういうことをタイ政府の責任者と相談して企画ができたのです。そのことは決裁書に書かずにマイクさんが通してくれました」

那珂 道武氏

要するに、冷蔵・冷凍ショーケースを生産販売する現地法人を、ＳＲＴ（のちＳＴＣに合併）とＳＩＣと二つ設立したのは、タイ政府の投資庁のアドバイスに従ったものだったということです。しかし、その後の経過のなかで、ＳＴＣが食品機器と自動車機器の両部門をもつことになったため、ＳＩＣは食品機器に特化することとし、両社を棲み分けるようになったのです。

二つの現地法人は、その後、円高、タイ・バーツ暴落に始まるアジア通貨危機、リーマンショックによる世界同時不況などの難局に遭遇しながらも乗り越えて、今日まで順調に事業を拡大しています。いまやアジアのデトロイトといわれ、世界の主要な自動車会社がこぞってアジアの統括拠点を置き、それにともなう自動車部品メーカーも日系だけで五〇〇社を数えるという進出ラッシュのタイにあって、STCは、二〇〇〇年代から急激に売上を伸ばしています。また、食品機器に特化したSICも、その売上げの七五％を海外売上が占められ、世界一五カ国に輸出して業績を拡大しています。

すべての基本は人と人の信頼関係

以上、SAM＆SIM（マレーシア）、SIT（台湾）、SVL（インド）、STCとSIC（タイ）と、SISを軸にアジア地域で設立された現地法人を見てきました。このほかにもサンデンの現地法人は、オーストラリア（SIO）、フィリピンのATP、インドネシアのPSI、パキスタンのSPK。イランのISI、アラブ首長国連邦ドバイのSASなどがあり、カーエアコン機器を中心にアジア各地域で事業展開をしています。

どの現地法人でも最初は小さなビジネスから始まり、市場を開拓してこれならやっていけるという見通しができたところで、もし現地の企業家から合弁の申し出があれば検討して、最終的に合弁会社のような拠点づくりに入るというパターンが多かったように思います。つまり、「小さく産んで大きく育てる」という方式です。大きく育つレベルにいたるには、OB社員たちの目に見えない努力の積み重ねがあったことはいうまでもありません。

そうした展開のなかでは、日本では考えられないようなことも、いくつか実現していますす。その一つが、SIS年表にも記されているように、一九八九年にフィリピントヨタでカローラと軽トラックのエアコンにサンデンのコンプレッサーが採用されたことです。周知のように、トヨタには系列会社のデンソーがありますから、日本国内ではまずあり得ないことですが、SISで担当者だった中村重治さんが果敢なアプローチをしたことと、フィリピントヨタの現地経営者の判断で決まったものと思います。

トヨタが、系列外企業の自動車部品でも調達する意思があることは、じつは私もトヨタ本社の経営者から直接聞いていました。そのきっかけは、たまたまトヨタの資材担当常務とゴルフを通じて知り合ったことでした。私がサンデンの社長になったばかりの頃だったと記憶していますが、山口県の宇部市で開かれるゴルフトーナメントの宇部興産オープンに招待され、プロアマでプレーしたとき、主催者の配慮でトヨタ本社の資材担当の近藤常務（当時）と同じ組になったのです。近藤常務は「サンデンさんのことは、よく知っています。昔、トヨタのディーラーを回ったとき、アフターマーケットのエアコンは全部サンデンさんのものを買って車に付けて売ったと言っていましたよ」と話してくれて、すっかり親しくなったのです。そのとき、私は、「来週、フィリピン担当の山田常務（当時）に会いに行くんですが、その後で顔出しします」と約束し、翌週、実際に本社を訪ねたところ、近藤さんは、さらに上の渡辺捷昭副社長（当時）を紹介してくれました。

近藤常務は、「人殺しと強盗さえしなければどこと商売してもかまわない。いいものがあればどんどん使う」という考え方の人で、系列外企業からの調達も条件次第で受け容れるというポリシーでした。渡辺副社長もその考えを支持していました。

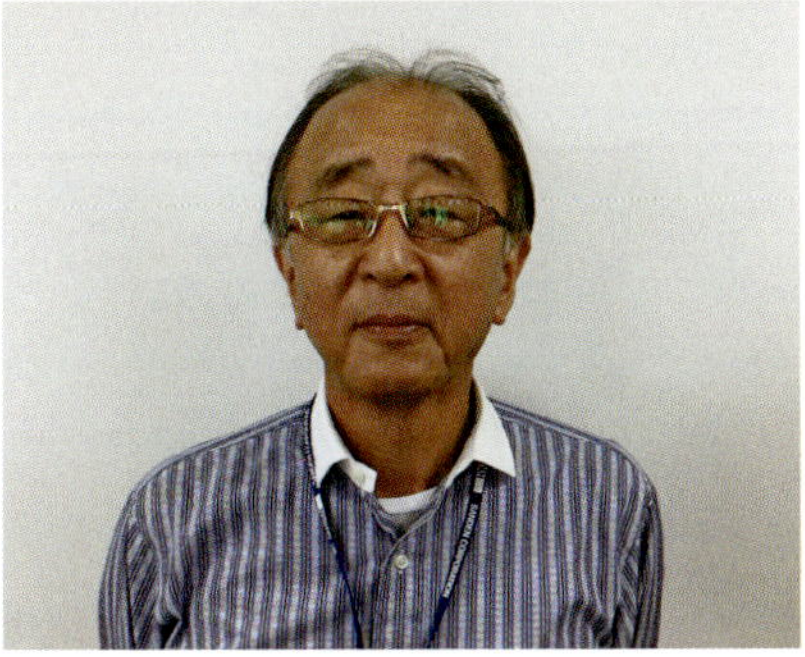
中村 重治氏

後日、その渡辺副社長が社長に昇進したので挨拶に行ったところ、ちょうどトヨタが新しい本社ビルをつくったばかりの頃で、渡辺新社長自らが新社屋を案内してくれました。そのとき、こう言われたのです。「トヨタも、これから海外に力を入れていきます。いろいろお世話になると思いますので、よろしくお願いします」と。

そういう経緯があったので、フィリピン以外にもタイやマレーシア、インドネシアなど生産工場を持つトヨタの進出先に見積もりを出すなどのアプローチをしたのですが、結局、フィリピンだけが取引を継続してくれました。

フィリピンの現地法人については、現在のＡＴＰの前身となるＳＡＰを一九九六年に設立し、開所式を行ったときの面白いエピソードがあります。ＶＩＰとしてエストラダ副大統領（当時。のち一三代大統領）と、元フィリピン軍大佐のホナサン上院議員、そして私の三人がＶＩＰとして招待されたのですが、式典会場となるＳＡＰの工場は首都マニラの南五四㎞のところにあります。高速道路は混雑しているからと、ＳＡＰの合弁のパートナーだったトニー・アンがヘリコプター三台を手配してくれて、マニラのホテルから空路で送ってもらったことを憶えています。

ユニークなのはこのとき同行したホナサン上院議員で、彼はアキノ政権末期にクーデタを起こした反乱軍の元大佐でした。クーデタのせいで、サンデンのフィリピン担当の中村重治さんや深沢満穂さんたちのほか多数の日本企業の駐在員が、一週間、ホテルに閉じ込められるという事件がありました。まさに生命の危機にさらされた一週間でした。それでも、転んでもただでは起きない雑草魂というべきか、閉じ込められている間、中村さんたちはトヨタの工場起ち上げに来ていた社員たちと親しくなり、後々の仕事につながったといっています。

それはさておき、そのクーデタから数年後、中村さんがＳＡＰパートナーのトニー・アンと食事をしているとき、ホナサン元大佐を紹介され、「彼が君たちを閉じ込めた反乱軍の指導者だった男だよ」と言われたといいます。元大佐は上院議員になっていました。しきりにそのときのことを詫びるホナサン議員に中村さんは、「それなら罪滅ぼしにＳＡＰの開所式にいらしてくださいよ」と招待したというのです。

こうしたエピソードは、フィリピンに限らずアジア各地の現地法人にたくさん残されていると思います。多様な文化の交錯するアジア地域では、日本国内の常識では考えられないようなこともしばしば起こります。しかし、文化や慣習の違いはあっても人と人との信頼関係がビジネスの基本であることは、どこでも変わりはありません。現地経営者や従業員との厚い信頼関係がないかぎり現地法人の経営は上手くいかない、というのが、実際にアジア地域を歩いてきた経験からする私の持論です。

第五章

ヨーロッパ市場の拡大と現地生産体制の確立

旧ミッチェル代理店を足場にＳＩＥ開設へ

ヨーロッパは、誰もが一度は運転してみたいと思うような個性的な名車をつくる世界一流の自動車メーカーが集積する地域です。しかし、欧州車にエアコンが標準装着されるようになった歴史は、じつはそう古いものではありません。

サンデンがミッチェル社からコンプレッサーの全世界の販売権を買い取り、海外展開を開始した一九七〇年代、欧州車のエアコン装着率は、わずか五％に過ぎず、よほどの高級車か輸出用の車種にしかエアコンは装着されていませんでした。

その要因としては、ヨーロッパの夏が意外に過ごしやすいことと、自然の外気を好むエコロジー感覚が高いこと、さらにエアコンの発する雑音を不快に思う人々が多かったことなどが考えられます。

そんなヨーロッパ市場に、なぜ進出しようとしたのかといえば、米国に次いで自動車の普及率が高く道路などインフラの整備も進んでいること、さらに規模は小さくても個性豊かな自動車をつくる一流の自動車メーカーが多いことなどから、将来の潜在需要は高いと考えたからです。

サンデンがＳＩＡとＲＯＳ（後のＳＩＳ）を設立し、本格的に海外展開に乗り出した当初、私はアジア市場とともにヨーロッパ市場の責任者となってもらったボブ・ジョーンズと、よくヨーロッパの自動車会社やミッチェルの旧代理店を訪ねて回りました。

訪れた自動車会社は、イギリスではロールスロイスやオースチン、フランスはルノー、プジョー、ドイツがダイムラーやフォルクスワーゲン、イタリアはフィアットなどや、スウェーデンのボルボなどです。ボルボが比較的早くからサンデン製品を採用してくれたのは、このときコンタクトが起点になっています。

いっぽう、ミッチェルの旧代理店のほうの業態はいろいろで、フランスのショーソンはルノーの車体のアッセンブルメーカーでした。イギリス、イタリア、ドイツ、スイス、スペイン、スウェーデンなどの代理店もそれぞれさまざまな事業をしているので驚きました。

その後の欧州市場は、ボブ・ジョーンズがＳＩＳからの出張ベースでカバーしていましたが、一九七八年に英国に販売拠点としてＳＩＥ（サンデン・インターナショナル・ヨーロッパ）を設置し、ＳＩＡ駐在員だった牛久保研一君（のちサンデン本社専務取締役）を代表として送りました。

ＳＩＥのオフィスは、ロンドンの西六〇㎞にあるレディングという町に設置しました。人口は約一五万五〇〇〇人ですが、古い修道院があり、かつては毛織物業で栄えたという歴史のある町です。一九六五年からホンダが現地法人ホンダモーター・ヨーロッパ（ＨＭＥ）の本社を置いている町でもあります。

ＳＩＥの初代代表となった牛久保研一君は、ＳＩＡで高橋弘さんの補佐役として四年間、その基盤づくりに奔走し、スキルマン通りの事務所建設やクライスラーのＯＥＭ獲得などの重要案件に携わったのち、一九七八年九月、家族とともにイギリスに渡っています。そのとき夫人は妊娠中で、大変な思いで引っ越しをしたといいます。ＳＩＥでの思い出を、彼はこう述べています。

「ヨーロッパの市場開発は、それまでSISのボブ・ジョーンズが出張ベースでやっていましたが、そのうちボルボトラックとか、いくつかの自動車メーカーとＯＥＭ取引ができるようになってきた。これから伸びそうだという手応えを感じて、イギリス人の営業のミック・サベッジを雇うなどの準備をしてくれた。そこに私が所長として移っていったというわけです。

当時の欧州車のエアコンの装着率は五％程度という時代でしたが、私は年間二〇万台は売れるという見通しを立てていました。それをサンデン本社で話したら、ありえないと大笑いされました。

でも、私は確信を持っていました。あるとき、ＶＷ（フォルクスワーゲン）からクレームが来たのでヴォルスブルグまで飛んでいったとき、倉庫に不良品が数十台積み上げてあったのを見たんです。そのほとんどは装着時のミスで、コンプ原因はごくわずかでした。コンプが壊れればエンジン周りなので大変な事故になりかねない。それが壊れていないということは、自動車メーカーに絶大な信頼を与える結果になったと思いましたね。そのうえ小型で、パフォーマンスもいい。そのあたりを欧州の自動車メーカーはよく見ている。これは将来につながると思ったのです」

草創期のＳＩＥを支えた担当者に、もう一人、技術営業の野地俊行さん（のちサンデン本社常務取締役）がいます。

野地 俊行氏

野地さんは、一九七三年に早大の秋月影雄教授の紹介で入社。最初は本社八斗島工場の技術部門に配属されましたが、社員寮で一緒になった同期入社の台湾人社員とマレーシア人社員の二人と意気投合し、海外に興味を持ち、土谷幸三郎工場長に願い出て東京勤務に替えてもらいます。そこで顔見知りになったのがボブ・ジョーンズで、頼み込んで一九七七年からＳＩＳ（シンガポール）勤務にしてもらいます。そこから長い海外勤務が始まり、ＳＩＳに約一年務めたのちＳＩＥに五年三ヵ月、ＲＯＤ（デトロイト）

に六年、そして二度目のＳＩＡに約五年間と合計約一八年に及ぶ海外生活を送った人です。その野地さんは最初のＳＩＥ赴任時代を回想して、次のように述べています。

「ＳＩＥでコンプの技術営業として主な目標にしたのは、すでに顧客となっていたプジョー、シトロエン、ルノーなどフランスの自動車メーカーに対して、性能、耐久性を改善した改良型ＳＤ５の技術承認を取得することと、新規顧客を獲得することでした。その目標を達成するために、年間一五〇日くらい顧客訪問をしたでしょうか。イギリス国内はもちろん北はスウェーデンから南はポルトガルまでヨーロッパのすべての乗用車、トラック、建機メーカーをしらみつぶしに訪問したのです」

年間一五〇日の顧客訪問は、容易なことではないはずです。野地さんによれば、いちばん大変だったのは、顧客を訪ねるときの交通手段でした。当時、ヨーロッパにはＳＩＥのほかにはサンデンの支店や営業所はどこにもなく、あるのはミッチェルから引き継いだ代理店だけでした。したがって、営業するにもすべて自分で顧客の住所を調べ、自分でホテルを予約し、着いた空港でレンタカーを借り、地図を見ながら訪問するのです。夏はいいのですが、冬のヨーロッパはどこでも霧のために、飛行機がよく欠航になり、難儀したといいます。

「今でも思い出すのは、シュツットガルトのベンツ社を訪問しての帰り道、空港から午後六時の便でヒースロー空港に飛ぼうとしたら、霧のために飛行機が出発せず、ずっと待っていて午後一〇時になった頃、予定便は欠航、バスを手配するのでフランクフルト空港まで行き、そこから英国行きの便に乗ってくださいというアナウンスがありました。やむなくバスでフランクフルト空港を目指し、着いたのが深夜十二時頃。そこで少し待ってヒースローに向けて飛び立ちました。ところが、ヒースローも霧で着陸できません。仕方なくバーミンガム空港に向かいましたが、そこも霧。最終的に着陸できたのは、マンチェスター空港でした。そこからバスでマンチェスター駅に行き、電車に乗ってロンドン経由でレディング駅に帰ってきました。時間はなんと朝七時になっていました」

これは極端な例ですが、野地さんによれば同じような交通トラブルには、何度も遭遇してきたといいます。それでもヨーロッパ中を駆け回り、週日はほとんど出張、週末に帰ってきてレポートを書くというモーレツな生活、それがＳＩＥ駐在員野地さんの毎日でした。

それでも、熱心な売り込みが功を奏し、目標としていた既存顧客への改良版ＳＤ５の承認も得られ、新規顧客としてサーブ、ボルボ、ＶＷなどの商権獲得を達成することができたといいます。

このようにして、ＳＩＥの草創期は牛久保研一さんと野地さんのコンビで基盤固めが行われ、少しずつ新規顧客も増えていきました。一九七八年に設立したヨーロッパ支店のSIEは、一九八〇年にはサンデン一〇〇％出資の現地法人に格上げされ、オフィスもレディングの南東二六kmにあるベイジングストークに移して再スタートしています。

図―4は、現地法人化して以降のSIEの年間売上と販売台数の推移を示したものです。売上は一九八〇年代半ばまでは一〇億円前後で推移しますが、販売台数は八一年にすでに二〇万台を突破し、八四年には四〇万台に到達しています。これは牛久保研一君がSIEの設立当初、達成可能として掲げて、社内の役員たちから「あり得ない」と笑われた目標（年間二〇万台）の二倍に当たる実績です。

その後、売上は八〇年代後半から急増し、九〇年代に入るとさらに急カーブで上昇して一九九九年には六〇〇億円を超えるまでになりました。それにともない販売台数も、八七年に五〇万台を超え、九〇年には一〇〇万台、九五年には二〇〇万台、九九年には三〇〇万台を超えるまでに到達しています。

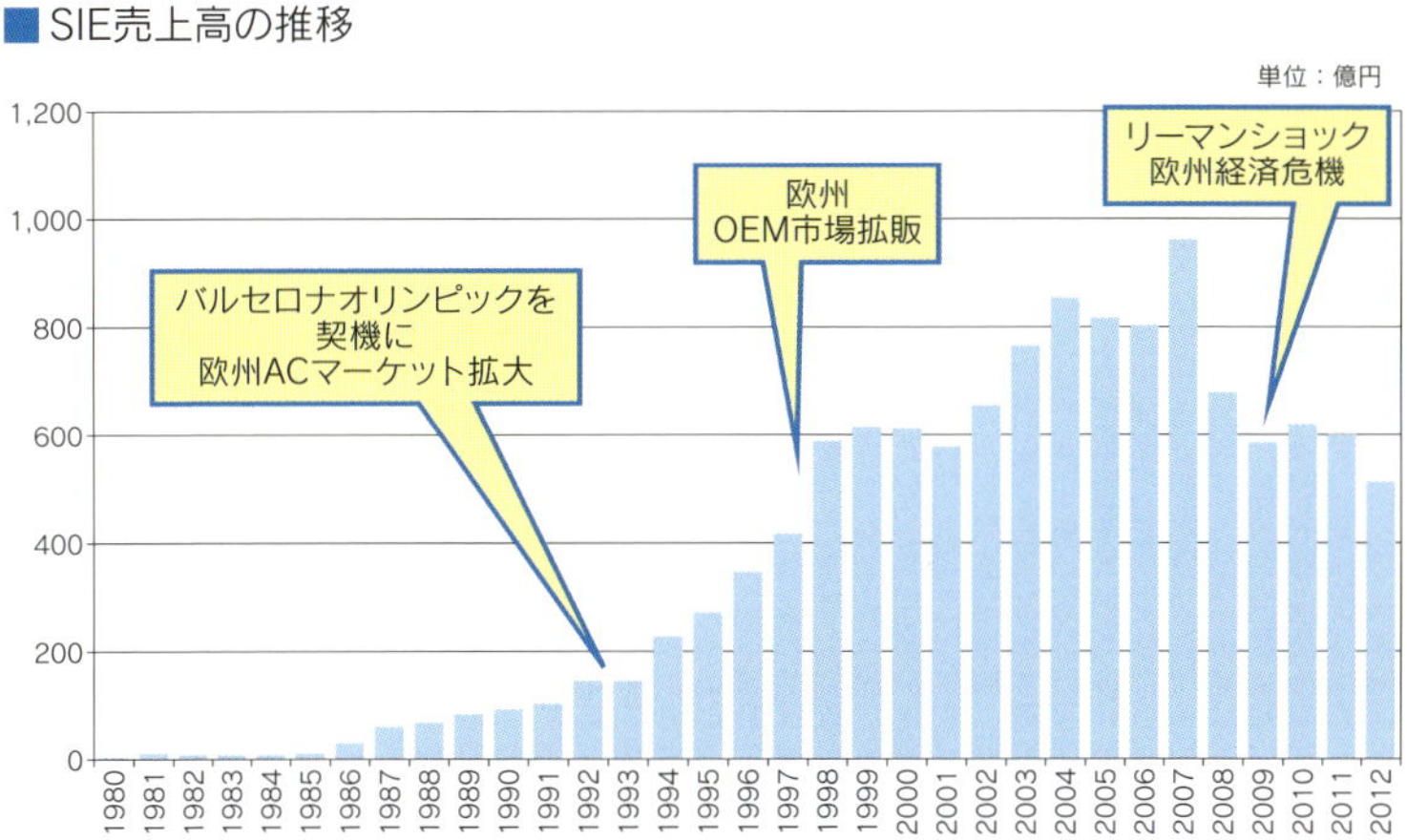

図－4　SIEの売上の推移

SIE

可変容量SDVの開発でヨーロッパ市場が急拡大

ではなぜ、八〇年代後半から売上、販売台数とも急増し、九〇年代はさらなる急カーブで伸びていったのでしょうか。これについて、一九八六年夏から約八年間、SIEの代表を務めた大谷貴士さん（のち常務取締役）は、「SIEの現地法人化」、「バルセロナ・オリンピックの影響」、「欧州車の販売不振」という三つの要因をあげています。

第一の「SIEの現地法人化」は、それにより現地スタッフの志気が高まり、自立志向が表に出てきたということです。自分で資金を工面して、日本からエアコン関連機器を仕入れて欧州で売るというサイクルに、やり甲斐を見出したということでしょう。

第二の「バルセロナ・オリンピックの影響」ですが、この夏季五輪は一九九二年七月下旬から八月上旬にかけて、スペインのバルセロナで開催されました。バルセロナは地中海性気候に属し、一年を通じて温暖な気候であることで知られています。それでも真夏の平均気温は三〇℃近くまで跳ね上がり、日中はかなりの暑さになります。

一般にヨーロッパは夏でもサンルーフを開けて走れば、心地よい風が入ってくる地域です。しかも、きれいな田園風景のなかの道を走る快適ドライブであれば、窓を締め切って走るのはもったいない、だからエアコンは必要ない、というのが欧州車の常識でした。エアコンが付いているのは米国への輸出向けだけで、ベンツでさえ国内向けにはエアコンがついていないのが普通でした。

その流れを変えたのが、一九九二年のバルセロナ・オリンピックでした。スペイン政府は、オリンピックの観戦や観光のために海外からやって来る大勢のお客さまのために、オリンピック期間中は、バスやタクシーにエアコンを付けるよう指導しました。そのおかげで、ヨーロッパの一般市民もエアコン体験をすることができ、「これはなかなかいいものだ」という認識が広まったというのです。

第三の「欧州車の販売不振」は、八〇年代後半から欧州車が軒並みに販売不振に陥り、各自動車メーカーは何か突破口はないかと模索していたことを指しています。ちょうどその時期、フランス政府が、一〇年中古車の買い換えに補助金を出すという制度をつくり、同時に新車を買うときにカーエアコンを付けても、新車価格は変えないという政策を実施しました。当時、カーエアコンは非常に高価なものでしたから、この政策は大変な話題になりました。

これを受けて、自動車メーカーのなかにはカーエアコン装着を販売不振からの起死回生策にしようとする会社も出てきました。その背中を押したのが、フランスの大手自動車メーカー、ルノーの社長が、新聞に「カーエアコンの装着は自動車販売を一％上昇させる」

大谷 貴士氏

と語った言葉だったといいます。その社長は、バルセロナ・オリンピック後の消費者の意識変化を感覚で捉えて発言したのでしょう。こうしたことが複合的な要因となって、九〇年代に欧州でのカーエアコンの需要が飛躍的に増加し、SIEの売上もうなぎ登りに伸びていったというわけです。

しかし、大谷さんは、そうしたヨーロッパ特有の社会的要因に加えて、じつはもう一つ、SIEの業績アップにつながる画期的な出来事があったとして、次のように述べています。「それは、ドイツのVWの新車に、サンデンが開発した静粛性の高い可変容量のSDVが、OEMで大量採用されたことです」

ヨーロッパでは、バルセロナ・オリンピック以降、カーエアコンへの需要が高まるなかで、コンプレッサーの性能にも高いレベルが要求されるようになっていました。なかでも欧州人はノイズに敏感でした。VWのカルトナー技術部長は、サンデンのコンパクトで耐久性が高いSD5（固定容量）に強い信頼感を寄せていましたが、さらにノイズの少ない新製品の開発を希望していました。これはVWだけでなく、欧州メーカー共通の要望でもありました。

日本の八斗島事業所でも静粛性を求める欧州メーカーの声をうけて、一九八五年に開発部が可変容量・7シリンダー式のSDVの開発に着手していました。その原型ができたのが一九八七年で、八八年には英国のオースチンローバー向けの量産を開始しています。

しかし、VW向けのSDVは、そう簡単に事が運んだわけではありません。大谷さんによればカルトナー技術部長のもとに持ち込んだ試作品は、VW社内の最終テストを二回続けてクリアできず、「採用に至らず」という通知をもらってしまいました。

そのときは、サンデンの技術と品質を高く買っているカルトナー部長も社内的に庇いきれなくなり、サンデンのライバル会社に声をかけたといいます。SIEの大谷さんも八斗島工場の開発部も、テスト結果で指摘された改善点の改良に取り組みながら、次の機会を待つしかありませんでした。

ところが、その三カ月後、カルトナー部長から電話があり、もう一度テストを受けてみないかというオファーがあったのです。聞けば、ライバル会社の製品もテストに失敗したといいます。一度は諦めかけていただけに、今度こそはという大谷さんたちの思いが実り、三度目のテストは見事にクリアすることができたのです。

こうして一九九〇年からVW向けSDVの量産が始まり、このOEM大量供給が、SIEの業績を急上昇させる重要なファクターになったことはいうまでもありません。

坂本 誠一氏

ちょうどその時期の一九九〇年にSIEに着任し、九三年春まで駐在した技術営業の担当者に坂本誠一さん（のち常務執行役員）がいます。坂本さんは、加速度的にビジネスが拡大していく当時のSIEの様子を思い出して、次のように話しています。

「商売が大きくなると、いろいろなことが起きますが、顧客への提案を考えたり、日本と交渉をしたりで、非常に面白かったですね。そのときはまだSIEがヨーロッパのお客さんをすべてカバーしていました。月曜に飛行機でスウェーデンに行って、ドイツに行って、フランスへ飛んで、イタリアへ飛んで、帰ってくる。土日を家で過ごして、また月曜から出張に行くような生活をずっとしていました。年間一九〇日くらいが出張です。

それでも面白くて、面白くて、全然苦になりませんでした。行けば必ず成約という感じで、ボスの大谷さんも商売を持って帰ると、よくやったと言ってくれるわけです。部下にしてみると、モチベーションが上がります。そんなことが、何度も何度もあったわけです」

坂本さんもそうですが、大谷さんもまた八年に及ぶ駐在期間中、自宅で寝たのは三分の一程度で、あとは出張先の旅宿だったといいます。

坂本さんが赴任して二年目、ＳＩＥは急増する取引に対応するため、ドイツとフランスにリエゾン・オフィスを設置しました。マンパワーの不足以上に深刻な問題だったのは、日本で生産し船便で輸送するというサプライチェーンの問題でした。顧客は、発注してから最速で二週間もかかるような体制に、しだいに不満を持つようになりました。

ＳＩＥは、これに航空輸送で対応しようとしましたが、やはりコストの問題があるため、緊急性のあるものに限らざるを得ません。もう一つ、当時、急激に進んだ円高も深刻な問題でした。こうなると、顧客の側からも欧州で現地生産はできないかという要望が起きてきます。その声に対応して、サンデンは一九九五年、フランスのブルターニュ地方タンテニアックに工場を建設する運びになるのですが、その経過についてもお話ししておきたいと思います。

海外進出パターンを一新したＳＭＥ

フランスの北西部、ブルターニュ地方は、古代からケルト人の住む土地です。五世紀半ばにはブリテン（現在の英国）からケルト人が渡来し、独自の王国を形成していました。しかし、一六世紀にフランス王国に敗れて、併合されます。ケルト人の話すブルトン語は、今もこの地方の公教育でフランス語と併せて教えています。

そんな独特の歴史と文化をもつブルターニュ地方イル・エ・ヴィレーヌ県の中心都市レンヌには、ＰＳＡシトロエンの工場があり、一九六〇年代から操業を続けています。日本企業では三菱電機やキャノンなどが、Ｒ＆Ｄセンターや生産工場を置いています。

そのレンヌの北約二五㎞にあるタンテニアック市の工場団地に、日本の工場を誘致する目的でフランスのメニュリ法務大臣兼イル・エ・ヴィレーヌ県議会議長が訪日し、その一環としてサンデンの東京本社を訪ねてきたのは、一九九四年九月のことでした。

このときのサンデン側の窓口担当者は、海外経営企画部門の「欧州プロジェクト」にいた紋谷廣徳さんです。紋谷さんはソルボンヌ大学に留学してメーカー企業のパリ事務所長を務めていたのを、私がスカウトして、一九八二年にＳＩＪに入社した人物です。入社後は欧州地域と生産部門をつなぐ業務を担当し、やがて欧州地域の中長期の経営戦略を考える「欧州プロジェクト」に異動になりました。欧州自動車事情の最重要課題は、欧州車の需要の急増に応じる現地生産体制をどう確立するかです。紋谷さんは、フランスの法務大臣が来社した日のことを、次のように話しています。

「当時、ヨーロッパの現地生産は差し迫った課題となっていて、英国・フランスをはじめ欧州数ヶ国を調査していたところ、マイクさんからSIEに余剰地があるので使えないか、あるいはベンドー社イタリア工場にも土地があるのでそこでやれないか、つまり、サンデンの資産のなかで運用できないかの実行可能性も含めて調査するよう指示があり、検討していたのですが、なかなか決定的な要素が見つからず、マイクさんに私の最終結論を持っていくのを決めかねていました。そこにメニュリ大臣が訪ねて来られて、完全に先手を打たれたかたちでしたね」

紋谷 廣徳氏

フランス政府の法務大臣が来社された日のことは、私（牛久保雅美）もよく憶えています。その日、私は群馬本社で予定があったのですが、紋谷さんに電話で「本当に大臣が来るのか？」と確認したところ、「そうです」といいます。それなら社長の私が応対すべきだと思い、急きょ時間を調整して東京本社に向かい、メニュリ大臣を迎えしました。

面談したのは一時間ぐらいだったでしょうか。メニュリ大臣は最初から自動車機器メーカーの誘致ならサンデンと絞り込んでいたようで、経済担当の大臣ではないのですが、ブルターニュ選出の議員ということもあって、熱心に地元への工場団地への進出を勧めてきました。またフランス政府も地元自治体も全面的に協力する旨も強調されていました。郷土の経済振興を願うメニュリ大臣の真摯な姿勢を感じた私は、最後に「今度、その工場用地を見学させて下さい。来月ならブルターニュを訪問できます」と言いました。そのときのメニュリ大臣の破顔一笑、満面の笑みを忘れることができません。

同席した紋谷さんは、私のその一言に大変驚いたようで、後にこう述べています。

「マイクさんは、メニュリ大臣の話を聞きながら、頭の中で欧州の現地生産についてすでに出ていた諸案と比較してみて、大臣が勧めるブルターニュのタンテニアックがどんなところなのか、三現主義といいますか、実際に自分の目で確かめたくなって、フランス訪問を決断されたのだと思います」

メニュリ大臣との約束通り、私は翌一〇月に、紋谷さんをともなってフランスに飛びました。その日程づくりには、前出のSIE大谷社長の目に見えない調整努力があったと聞いています。現地では、私たちの訪仏に最大限の敬意を払ってくれました。対仏投資庁、ブルターニュ地方議会、イル・エ・ヴィレーヌ県議会、市町村会、サンマロ商工会議所、シトロエンのレンヌ工場などの関係者が総出で歓迎してくれました。

工場予定地を見学したほか、メニュリ法務大臣、知事、ブルジェ上院議員兼ブルターニュ地方議会議長らと面談し、さらにレンヌにあるシトロエンの工場を視察してジュノベーズ工場長から、サンデンが工場を立ち上げる際は必ず支援するという約束をいただきました。

フランスから帰ると、私は牛久保海平最高顧問をはじめ、私の高校時代の同期で当時インドスエズ銀行東京支店長をしていた渡辺昌俊さん、群馬県警の本部長で在仏日本大使館に出向勤務された経験のある安藤隆春さん、レンヌに進出している三菱電機の社員の方々など社内外の方の意見も聞いて、ブルターニュ進出の是非を改めて検討しました。

同時に、紋谷さんたちにもSIEと協力して製造拠点検証プロセスに基づいたフィージビリスタディーを行ってもらいました。さらにフランス政府・ブルターニュ地方議会およびイル・エ・ヴィレーヌ県議会側から提出された企業誘致支援提案も慎重に内容を精査し、最終的にブルターニュ進出を決定したのです。

新しく設立する現地法人は、SME（サンデン・マニュファクチャリング・ヨーロッパ）と命名し、一九九五年三月、「SME設立に関する基本覚書」の調印式を工場予定地に近

SME調印式

いモンミュラン城で行いました。サンデン側からは私や紋谷さんはじめ関係スタッフ、フランス側はメニュリ法務大臣やブルジェ上院議員が参列したほかバラデュール首相も駆けつけて歓迎の挨拶をしてくれました。

現地法人ＳＭＥの開設にともない、社長には小島征夫さん、副社長には紋谷さんをそれぞれ選任しました。小島さんは一九六四年に入社した生え抜きのベテラン社員です。文系ですが生産管理、生産技術、設計開発と技術畑を歩き、生産分野におけるコスト計算など管理的な仕事に就いてきた人です。一九八八年から九三年までＳＩＡに駐在し、ボブ・ジョーンズ社長の下で副社長としてワイリー工場建設を支えた経験の持ち主です。

その小島さんが記したメモによれば、ＳＭＥタンテニアック工場の敷地総面積は四万五五〇〇㎡、食堂を除く）で、その建設は第一期がコンプレッサー組み立て工場（敷地面積一万八〇〇〇㎡）、第二期は部品加工工場（二万二七〇〇㎡）、第三期はダイキャスト工場（四八〇〇㎡）と三段階で進められました。第一期工事の着工は一九九五年六月で、翌年一九九六年六月に完成して生産活動を開始しました（オープニング式典は一〇月）。建設工事が順調に進んだ背景を、小島さんは、次のように話しています。

「シトロエンのジュノベーズ工場長をはじめたくさんのスタッフの支援があったからこそできたと思います。非常に助かりました。労務、人事、設備、部品メーカーなどの紹介や環境規則規制等の情報などでも親切に教えていただきました。

また、ブルターニュ地方議会の下部組織であるＭＩＲＣＥＢ（現 Bretagne Commerce International）という行政機関のサポートも助かりました。工場ができるまではＭＩＲＣＥＢの事務所に間借りして

SME

小島 征夫氏

工場の建設現場へ通い詰めていましたし、政府への申請書類（フランス語）はそこのスタッフの協力があったので提出することができました」

ただ、苦労した点も少なくなかったようです。なかでもいちばんの難点は法律の条文上には明記されていないローカルな規制でした。たとえば、環境規制によって建屋の色が全部指定されていたことが挙げられます。最初、その規制に従ってＳＭＥの工場の周りは全部黒くするよう命じられました。周りが緑でダークだから、そういう環境に合わせた規制だといいます。しかし、日本では黒は死を意味するため、黒だけは勘弁してほしいと申し立てて、屋根はモスグリーン、外壁は白ワインの色ということで一件落着したのですが、そういう交渉が大変だったといいます。

また、雨水などの処理も、池を造ってバクテリアか何かで浄化するのですが、それを三つも造らなくてはいけない。そんな規制が、かなりありました。そういうのは法律の条文を読んだだけではわかりません。現地に行ってみないとわからない事でした。

もう一つ、戸惑ったのは税法の違いです。フランスは地方税があるほか、その地域によって固定資産税の適用の範囲がいろいろ違っていて、償却なども日本の方式と異なり、残存価格のあり方なども違っています。現地に行かないと、日本でいくら調べてもわからないことが、いくつもあり、それらをフォローするのが大変だったようです。ただし、そうした問題を除けば、工場建設は非常にスムーズに進んだといえます。

こうした一連の経過を総括して、副社長を務めた紋谷さんは、SMEプロジェクトの特徴を、従来のサンデンの海外進出方式とは異なるまったく違ったパターンだったと、次のように指摘しています。

「サンデンにとってSMEは初めてのフランス語圏の現地法人でした。これまでは、まず販売拠点をつくり、物流業務を行いながらコンプレッサーの組立→部品加工へという手順を踏んでいましたが、SMEは始めから工場建設であり、組立と部品加工を同時進行させました。投資規模も従来は年産一〇万〜三〇万台の規模でしたが、SMEはいきなり一〇〇万台規模です。

資金的には従来の邦銀中心ではなく、SMEでは地元金融機関が中心になり邦銀がサイドに回りました。工場の立ち上げも独力ではなく、地元の行政支援をうけました。建築会社も、在仏の日本企業ではなく、現地の建築事務所と建築会社に発注ました。

そして特筆すべきことは、工場は工場団地内というより、自然のなかにつくった自然と共生する工場だったことです。のちのサンデン・フォレストのひな型ともいえます」

紋谷さんの言うように、たしかにSMEはこれまでの「小さく産んで大きく育てる」という進出方式とは大きく異なるものでした。ただ、ＳＭＥの前にＳＩＥを販売拠点として先人たちが欧州市場を開拓してきた基盤があったからこそ、大規模な欧州生産拠点の構築に踏み切ることができたという事実も見落としてはならないでしょう。特に、ＳＩＥの顧客の五〇％がプジョー、シトロエン、ルノーなどフランスの自動車メーカーだったこともブルターニュ進出の背中を押してくれたといえます。

ＳＭＥは、その後、第二期・第三期工事も無事に終えて、二〇〇〇年にはフル稼働を始めました。この間、欧州エアコン市場はさらに拡大し、需要が急増するなか、ＳＭＥは現地生産の強みを発揮して、生産量、雇用者数ともフランス政府と覚書で約束した計画数値を大幅に上回る実績をあげてきました。

SME（全景）

ちなみに左記は、フランス政府の対仏投資庁が、日本語HP（ホームページ）に二〇一三年七月三〇日付けで掲載したニュースを載録したものです。フランス政府が、SMEをいかに高く評価しているかを知ることのできる記事だと思います。

［サンデン、ブルターニュ地方における雇用者数で第三位に］（対仏投資庁）

〈ブルターニュ地方タンテニアックに拠点を置く自動車用空調コンプレッサー製造のサンデンが、同地方における企業の中で、三番目に多く労働者を雇用している企業となった。一九九五年の設立当初は従業員一五人でスタートした同社だが、今では八二五人と急成長し、レンヌ周辺における主要企業の一つとして数えられている。タンテニアックの同工場は、設立以降四〇〇〇万台にのぼるコンプレッサーを量産し、日本工場を除いてもっとも生産量の高い拠点となっている。また上記産業において、サンデンは欧州では四〇％のシェアを誇り、世界第二位のメーカーになりつつある。二〇〇七年以降は電気自動車やハイブリットカーの空調コンプレッサー、また住宅用ヒートポンプの製造も開始している〉

TCE、SMP
――顧客の近くで開発・生産・販売・サービスの一貫体制を

SMEの設立で、欧州市場に対する商品供給体制は著しく改善されました。以前は日本からの船便輸送なら一～二ヵ月かかっていた物流サービス期間が、フランスからトラック便でヨーロッパ各国に注文の翌日に納入できる体制が整ったのです。

しかし、欧州市場をさらに深掘りしていくために、私たちはSMEに止まらず、次の布石を打ちました。

その一つが、二〇〇〇年一〇月に、ドイツのヘッセン州バートナウハイムに開設したTCE（テクニカルセンター）です。土地面積一万二二三六㎡、建物面積一六五〇㎡。センター

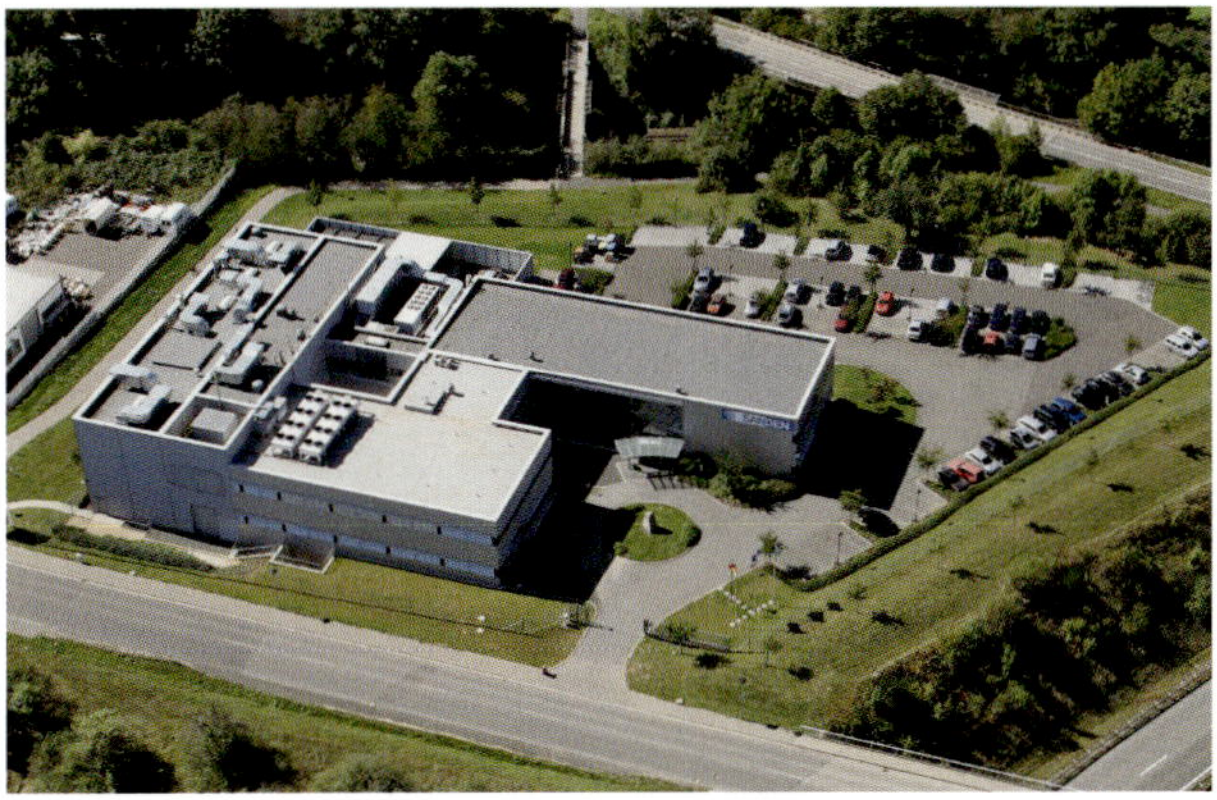

TCE

内には環境試験室、騒音試験室がつくられ、コンプレッサー単体及びシステムのカロリーメーターなどの検査装置を設置しています。サンデンのユーザーである欧州の自動車メーカーに技術サービスを提供するとともに、コンプレッサーの技術開発も行う拠点です。

もう一つは、二〇〇四年、ポーランドのポルコヴィッツエに、ＰＸタイプのコンプレッサーを生産する工場、ＳＭＰ（サンデン・マニュファクチャリング・ポーランド）をつくり、稼働を開始したことです。フランス工場に次ぐ欧州第二の生産拠点です。

いまや欧州の主力工場に成長したＳＭＰですが、ここに進出した最初の経緯についてふれておきましょう。

その当時、中東欧経済は西欧経済との連携を強めていました。ポーランド、チェコ、ハンガリーなどの中欧諸国の賃金はドイツの約七分の一程度でしたから、安い労働力コストを求めて一九九〇年代後半からＥＵ先進国からの直接投資がブームとなっていました。とくにドイツから資本財と経営や管理の人材を輸出し、現地で組立して再輸出するというビジネスモデルがすでに稼働していたのです。

また、欧米の自動車メーカーや部品メーカーの進出も急速に進んでいました。そこで、サンデンとしても、重要顧客であるフォルクスワーゲンに対する迅速な対応と今後のロシア及び中東欧地域へ拠点として、ポーランドに第二生産拠点を築くことにしたのです。

SMP

ポルコヴィッツェ進出への仲介の労をとってくれたのは、元フォルクスワーゲン社員で一九九九年からサンデンのコンサルタントをしていたロバート・H・ヤンソンさん（ジェイソン・アンド・アソシエイツ社長）でした。彼とは前から一緒に旅行したりして旧知の間柄でした。ちなみに彼の祖父は、明治時代、ドイツから招聘され、東大農学部で獣医学科を開いた医学者ヨハネス・ルードヴィヒ・ヤンソンで、今でも本郷の農学部校舎にはその銅像があると聞いています。

ヤンソンさんが候補としてあげたドイツ、トルコ、ハンガリーなどいくつかの候補地から最終的に選定したのは、フォルクスワーゲンのポルコヴィッツェ工場のすぐ隣の敷地でした。敷地面積は第一工場建屋分だけで二万六〇〇〇㎡、電気代その他はフォルクスワーゲンと同じ条件にしてく

SMP（全景）

れるという話です

ポルコヴィッツェは、私もヤンソンさんの案内で二〇〇二年に小島征夫さん、山本満也さん、鈴木一行さんと一緒に視察しています。このときは道一本隔てたフォルクスワーゲンの工場も見学させてもらい、大いに歓迎されたのをよく憶えています。その日の帰りのヴロツワフ空港で、私は同行した三人に「ポルコヴィッツェに工場進出する腹を決めた」と伝え、小島さんには工場立ち上げ責任者としてこの地に駐在するようにお願いしました。小島さんはＳＭＥのタンティアック工場立ち上げ以来、責任者としてフランスに駐在していたのですが、今度はＳＭＰの工場建設の陣頭指揮を執るため、日本には帰らず、そのままポーランドに赴任することになったのです。

小島さんによれば、ポーランド工場を実際に建設するに当たっては、二つの難しい問題があったといいます。第一の問題は、ポーランドが二〇〇四年五月一日付けでEUに加盟することを決めていましたが、工場用地購入に関する諸申請手続きは、その加盟前に完了しておかなければならないことでした。もしずれこめば、EU域内共通のルールが被さってきて、ポーランドから提供された独自のインセンティブが失効してしまうのです。

第二の問題は、工場建築許認可の手続きとポーランド政府各省庁の認可をスムーズにもらうことです。当初は、各省庁のキーマンが誰なのか、なかなかわからず、許認可の手続きの手順がはっきりしていないため、役所との打ち合わせに労力を費やすことが多かったといいます。この点は地元自治体の手厚いサポートを得たフランス工場とは、かなり勝手が違っていたようです。しかし、EU加盟前までに何とか申請手続きを完了し、建設工事に進むことができたのは幸いでした。

ポーランドがEUに加盟する前日の二〇〇四年四月三〇日、ポルコヴィッツェの街は前夜祭で夜明けまで大騒ぎで、騒然とした雰囲気に包まれていました。その場にポーランド人とともに居合わせた小島さんは、日本人でありながらポーランド人の気持ちになって感動している自分がそこにいた、と回想しています。

SMPの第一工場は二〇〇六年に完成し、無事、生産を開始することができました。また第二工場は、二〇一三年に竣工しています。増築建屋面積は一万三〇〇〇㎡。PXタイプの鋳造と部品製造の工場です。生産開始は二〇一四年二月からで、年間生産能力は三〇〇万台。PXコンプレッサーの現地一貫生産体制が、これで完成したことになります。

リーマンショック後に一時的に落ち込みはありましたが、二〇一二年は現地生産で四〇〇万台、日本生産と合わせると六〇〇万台に回復しています。かつて、牛久保研一君が初代SIE代表になったとき、経営会議で「欧州で年間二〇万台は売れる」と抱負を語ったとき、ビッグマウスだと笑われたという時代があったことを考えると、よくぞここまで到達したというのが率直な感想です。

SVI（イタリア）――5S導入を拒んだ工場長が心を開く

サンデンが欧州で生産・販売している製品は、自動車機器以外にも自動販売機やショーケースなどの食品・流通機器があります。自動販売機は、ベンドーヨーロッパの統括会社であるSVE（サンデン・ベンドー・ヨーロッパ）の下に、イタリアに生産工場を持つS

ＶＩ（サンデン・ベンドー・イタリア）と、販売拠点である支店のＳＶＧ（サンデン・ベンドー・ドイツ）、ＳＶＦ（サンデン・ベンドー・フランス）、ＳＶＢ（サンデン・ベンドー・ベルギー）、ＳＶＳ（サンデン・ベンドー・スペイン）などにより展開されています。

これらの拠点は、サンデンが一九八八年にアメリカの名門自動販売機メーカー、ベンドー社を買収した際、自動的にサンデンの傘下となったものです。工場設備も社員も、そのまま居抜きでサンデンが引き取ったのです。

ところが、知名度の高さとは裏腹に、ベンドー社の工場は、どこも生産設備がいかにも古く、生産性も低く、品質不良も多くて市場クレームが多発しているなど、問題点が山積していました。改善しようにも名門の誇り高い管理者や社員たちは、なかなか受け入れてくれません。このため、アメリカのベンドー本社工場の場合は、フレズノにあった生産設備は開発部門用に一部を残しただけで、すべてダラスのＳＩＡミラー工場に移して生産を行うことにし、二〇〇五年には本社オフィスもダラスに移して社名をＳＶＡ（サンデン・ベンドー・アメリカ）に改めるという荒療治をしました。

一方のイタリア工場は、古い工場設備を改善しながら使い、隣接した一部に新しい設備を増設する方針で臨みました。ここでも管理者や現場から厳しい抵抗を受けました。その矢面に立ったのが日本から派遣された技術者たちです。当時、寿事業所の製造本部にいて、イタリア工場に派遣された金刺健さんも、その一人でした。

金刺さんは一九七三年に入社し、自販機の設計開発、生産技術、製造本部など技術畑を一筋に歩んできました。彼が初めてベンドーのイタリア工場に出張したのは、一九九〇年で、そのときに見たイタリア工場は、「整理整頓が悪く、汚い」という印象しかなかったといいます。

金刺　健氏

そのイタリア工場から、欧州経済も拡大し、販売数量も増えているので、工場を二倍程度に拡張したいという増設案が提出されたのは、一九九五年のことでした。要求通りに拡張すれば、ざっと二億円程度の投資が必要になります。
当然のこと、私たちサンデン経営陣は慎重になりました。まず、投資額が日本から見ると大き過ぎますし、工場もひどい状態にあります。この状態で拡張すれば、悪い状態をそのまま横展開することになり、いい工場はできません。まず整理・整頓から始まる5S活動で改善してみてはどうか、それをしてみて改善効果が出るなら投資も認めよう、というのが私の判断でした。
そこで、まず改善活動を指導する技術担当者を出張ベースで派遣することにしました。

このとき選任されたのが金刺さんでした。以来七年間、金刺さんは最長三ヵ月、最短で一週間というイタリア出張を合計二〇回ほど繰り返すのですが、この長期にわたる出張のなかでもいちばんの思い出は、最初の出張で、現地工場のトップ、アントニオ・フェルトリン工場長との間で深刻な対立があったことだといいます。その当時を回想して、金刺さんはこう語っています。

「一九九五年の五月に一週間かけて行ったんです。最初、投資額は全体で二、三割減らしてくれと。なおかつ投資は二回に分けて半分ずつにしてくれと話しました。その分、こっちの負担が減りますから。これについては向こうも渋々納得してくれました。

ところが、その前提として、5Sをやろうという話をしたとたん、いっさい話を聞かなくなったのです。最大の壁がアントニオ工場長で、5S活動には大反発しました。一週間、説得し続けてもNOなんです。この人はトリノ工科大学出身でプライドが高く、とにかく自分の思ったことを貫こうとします。

結局、帰る前日まで話が進まず、その日も朝行くとプイと横を向いてしまうのです。やむなく、黙ってにらめっこをしていました。そして、私がぽつりと『このままでは、私は明日帰れない』と言ったんですよ。そうしたら、やはり、彼も人間ですね。あの頑固者が私の方を向いて話を聞いてくれ始めたのです。いわゆる泣き落としです。工場長が心を開いてくれたので、やっと次のステップに進めたのですが、もしNOだったら、この話はもう一、二年先になり、投資も遅れたはずです。そうすると販売数量が増えているのに生産が追いつかない、えらいロスが出ることになる。そういう意味で私も背水の陣だったわけです」

イタリア工場の拡張に際して、金刺さんたちが果たそうとしたミッションは、設備投資額を最小化するとともに、生産効率の最大化をはかり、品質向上の可能な増産体制を構築することにありました。初期投資を削減するために、二回の分割投資としたほか、二回目の投資を実行する前提として、5S活動による改善効果が計画通り進んでいることという条件をつけました。これが工場長の逆鱗に触れたというのが真相だったようです。

しかし、金刺さんの「泣き落とし」が功を奏し、その後、工場長は5S活動に積極的に協力してくれたほか、IEによる工場レイアウト、買収済みの隣接工場建屋の整備、品質向上などにも協力を惜しまなくなったといいます。

むろん、そこには、イタリア工場の人々に溶けこもうとする金刺さんの、大変な努力がありました。イタリア出張の合間をぬって夜間は語学学校に通い、英語とイタリア語を学んだほか、イタリア人が喜ぶだろうと、プロの声楽家についてカンツォーネも習いました。語学も歌も、本来は苦手のものばかり。まさに五二歳から壮烈な自己変革をしたのです。

その努力が通じて、イタリア工場の人々は、しだいに金刺さんと親しくふれ合うようになりました。ときには懇親会に呼ばれて、カンツォーネを披露し、喝采を浴びたことも何度かあったといいます。

SVI

　しかし、何よりも嬉しかったのは、５Ｓへの取り組みが、しだいに定着してきたことです。最初は金刺さんが出張するとその後三～四週間は見違えるように工場がきれいになるもののすぐまた元に戻ってしまうという状態になっていたのですが、それを繰り返すうちに、整理整頓が日常的に行き届くようになったといいます。これをベースにして金刺さんの後任の室田博之さんが赴任し常駐するようになると、小集団活動やＳＴＱＭ活動に熱心に取り組むようになり、品質への意識がかなり高まったと聞いています。

年表で見るサンデンのヨーロッパ市場展開

以上、ベンドー・ヨーロッパも含めて、サンデンのヨーロッパ市場開拓の足跡について見てきました。左記はその流れをまとめた年表です。

一九七〇年代半ばからスタートして今日まで四〇年あまり、ゼロから始めた欧州市場の開拓がここまで到達したのかと、感慨深いものがあります。この経験を生かして、今後は東欧からロシア、あるいはアフリカ市場の開拓を視野に入れた対欧州戦略が必要になってくると思います。また取り扱う商品についても今後は自動車機器だけでなく食品や環境ソルーション関連機器なども積極的に展開していく試みが求められる時代になるでしょう。

［サンデンのヨーロッパ市場における歩み］

・一九七四年　シンガポールに設立された事務所（ROS）が欧州市場も出張ベースでカバー

・七八年、ロンドンに販売拠点SIE（サンデン・インターナショナル・ヨーロッパ）を設置。代表に牛久保研一

・八〇年　SIEを現地法人化

・　八八年　英国オースチンローバー向けに可変容量・7シリンダー方式のSDVの量産開始。静音化の実現
・九〇年　VW向け可変容量・7シリンダー方式SDV量産開始
・九二年　バルセロナ・オリンピック開催。カーエアコンの需要高まる
・九五年　仏ブルターニュにサンデン・マニュファクチャリング・ヨーロッパ（SME）設立
・　九六年　SME第一期工事完成。コンプレッサー工場生産開始。
・二〇〇〇年　SME第二・第三工場稼働
ドイツにサンデンテクニカルセンター（TCE）設立
・二〇〇二年　スェーデンにSIE事務所を開設
・二〇〇三年　欧州統括としてサンデンオブヨーロッパ（SOE）を設立
サンデンインタナショナルのパリ支店（SAF）を営業拠点として開設
・二〇〇四年　ポーランドにサンデン・マニュファクチャリング・ポーランド（SMP）設立。PXタイプのコンプレッサー工場建設。
・二〇〇六年　SMP第一工場稼働
・二〇一三年　SMP第二工場竣工

・二〇一四年　ＳＭＰ第二工場稼働開始でＰＸコンプの現地一貫生産体制確立。
・二〇一四年　フランスにサンデンエンバロメンタル・ソリューションズ（ＳＥＳ）設立
・二〇一五年　ＳＩＥスウェーデン事務所を支社に昇格

第六章

急スピードで拡大した中国市場

最初は慎重だった中国進出

二一世紀に入って、世界経済の潮目が変わったことを示したビッグニュースといえば、何といっても二〇一〇年に中国がＧＤＰ世界第二位の経済大国に躍り出たことでしょう。中国ばかりでなく、インド、ブラジル、ロシアなど新興国の経済成長も目覚ましく、世界経済は確実に多極化の状況に突入しました。かつてのように、日米欧の三極だけを見ていればよい時代ではなくなったのです。

なかでも、目が離せないのが中国です。いまや農業生産、工業生産ともに世界一を誇る中国は、自動車産業の分野でも、外資の大手自動車会社の進出を受けて、驚異的な成長を示しています。乗用車の生産台数を見ると、二〇〇〇年ではまだ六〇万四〇〇〇台にすぎなかったのが、二〇一四年には一九九二万八〇〇〇台と一四年間で三〇倍以上も伸びています。しかも、生産される自動車の九五％は中国の国内需要向けです。最初は政府や国有企業の公用車として購入され、次は富裕層の自家用車として。そして近年は都市部に形成された中間層が旺盛な購買意欲を見せ、自動車需要を盛り上げているのです。

一九七〇年代末期に中国が改革開放路線を歩み始めた頃、誰がこんなスピードで中国の経済成長が進むと考えたでしょうか。私自身も信じられない思いです。この驚異的な中国の経済成長を象徴しているのが、上海をはじめとする大都市の景観を一変させた超高層ビル群の林立ではないでしょうか。

といっても、この変化はわずか三〇年くらいの間に起きたものなのです。いまから三三年前の一九八四年八月、私（牛久保雅美）は富士銀行（現みずほ銀行）が企画した訪中経済視察団の一員として初めて中国を訪問し、北京、天津、大連、上海の四都市を巡り歩きました。そのときに見た上海は、もっと落ち着いたレトロな雰囲気の街でした。

通りに沿ってプラタナスの並木が連なり、住居の建物はほとんどが平屋建で瓦屋根の商家が軒を並べていました。店内には、ガラスのショーケースはなく、商品の数も少なく、コーラを買っても冷えていません。当時の中国では飲み物を冷やして飲むという習慣がなかったのです。街を行く市民はほとんどが人民服姿で、自動車の数はまだ少なく、自転車を走らせる人たちで道路がいっぱいになる光景が印象的でした。

あの当時、中国は統制経済から社会主義市場経済へと転換する改革開放路線を歩み始めたばかりでした。外国資本を呼び込むために、深圳や厦門に経済特区、上海や広州、天津、大連などに経済技術開発区がつくられましたが、日本からの進出企業はまだほとんどなかったと思います。

そのときの視察コースには、中国の国産自動車「上海」の工場見学が組み込まれていました。「上海」は共産党中級幹部向けの乗用車として名を知られていましたが、実際に工場を視察してみると、まだまだ先進国のメーカーのレベルにはほど遠く、多くの改善点が目につきました。この工場でさえそうなら、これから中国の自動車産業が大きく育ち、カーエアコンなど関連機器も普及するまでには、かなりの時間がかかるだろうと思ったのが正直なところです。

改革開放路線に転換した頃、中国には大小五〇〇を超える自動車メーカーが乱立していました。中国政府はそのグループ化・統合化に取り組むかたわら、市場競争力を持つ国産乗用車づくりをめざして、「三大三小」（三つの大型車と三つの小型車の開発）と呼ばれる政策を掲げ、外国メーカーとの合弁会社の設立を奨励しました。上海汽車と独フォルクスワーゲンが資本提携した「上海フォルクスワーゲン」（一九八四年設立）、北京汽車とアメリカンモーターズが提携した「北京ジープ」（一九八五年設立）、広州汽車と仏プジョーの提携した「広州プジョー」（一九八五年設立）などは、その政策に沿って設立された合弁会社です。

中国各地の自動車会社に対して、じつはシンガポールのＳＩＳでは、ジェイソン・アン社員が担当してエアコンシステムやコンプレッサーの売り込みを図っていましたが、ビジネスとしては、小規模なものに止まっていました。中国政府は外国の自動車ならびに関連機器メーカーに対して、しきりに資本提携を求めていましたが、私自身は、中国企業と本格的な合弁に踏み込むのは、しばらく様子を見てからにしようと心に決めていました。

ところが、その慎重姿勢を改めさせる出来事が起きます。たしか一九八七年のことだったと記憶していますが、上海易初という上海汽車傘下の公営企業から、「じつはサンデンのコンプレッサーと同じものを見様見真似でつくってみたが、上手く動かない。どうすればよいか、ぜひ教えてほしい」という依頼があったのです。上海易初は、上海汽車とタイのナンバーワン食品会社のＣＰグループが、五〇対五〇の出資比率で設立した合弁会社です。

私（牛久保雅美）とボブ・ジョーンズは、とりあえず上海に飛び、上海易初のオフィスを訪ねました。話し合いの結果、最終的にサンデンが日本で組み立て機械設備をつくって納入し、現地生産に当たっては操業上の指導やメンテも手伝うという内容のライセンス契約を結ぶことに決めました。納入する機械設備の代金は、総額三億円で双方が合意し、一九八八年に契約調印の運びとなりました。

ところが、実際に機械設備をつくり、いざ納入しようというとき、北京で天安門事件

（一九八九年六月）が起きたのです。民主化を要求して天安門広場を占拠していた数万人の学生たちを、解放軍の戦車部隊が武力で制圧した事件でした。

これを受けて西側諸国は、いっせいに経済制裁を発動しました。中国経済は減速し、対外支払いが懸念される事態となります。しかし、上海易初は、約束通りに代金を支払ってくれました。非常にむずかしい局面のなかで資金を工面し、決済してくれたのです。その覚悟と誠意を感じ、同社を信用できる会社だと確信しました。

同社の親会社で中国屈指の自動車メーカーである上海汽車は、ドイツのフォルクスワーゲンと資本提携して「上海フォルクスワーゲン」を設立していました。その関係で、同社が現地組み立てをするコンプレッサーも、上海フォルクスワーゲンに納入されていました。タイのナンバーワン食品会社のCPグループが上海易初に出資したのも、その成長性を見込んでのことでした。

上海易初は、その後、サンデンに何度か資本提携を持ちかけてきましたが、中国ではもし撤退するような事態になったときのリスクが高いという話をよく聞いており、技術提携の段階に止めておきました。サンデン本社が中国企業と関わる場合は、技術提携はしても資本提携までは進まないという姿勢を取り続けたのです。

これと前後して、フランスのプジョーと連携している広州汽車との間にもコンプレッサー製造の技術契約を結んだのですが、のちにプジョーが中国から撤退したため、サンデンとの契約も解消になりました。

ＳＩＳのジェイソン・アンが手がけていた中国の他の自動車会社との取引については、一九九三年に香港に連絡事務所、ＳＩＣ（サンデン・インターナショナル・チャイナ）を設置し、彼を所長に任命し、対応してもらいました。

上海汽車との資本提携

しかし、やがて中国企業との本格的な資本提携をする時期がやってきます。というのも、天安門事件の影響で二年間ほど減速した中国経済でしたが、一九九二年からふたたび高い成長軌道を走り出し、じつに毎年一〇を％越える成長を続けたのです。自動車や家電メーカーをはじめとする欧米企業の進出も相次ぎ、中国は「世界の工場」といわれるようになったのです。さらに中国がＷＴＯ（世界貿易機関）に加盟して貿易の自由化を実施することも日程化されるにいたりました。世界経済に占める中国の存在感は、無視できないものになっていきました。

　こうした状況変化を見て、上海易初との技術提携が六年目に入った一九九五年あたりから、サンデン内部でも資本提携の打診に応えるべきではないか、という意見が高まってきました。それまで慎重姿勢を崩さなかった私も、『中国経済の発展は本物だ。やがて中国企業と資本提携する必要になるなら、早いほうがよい』と考えるようになっていきました。

　そして、結論からいえば、二〇〇〇年にまず二つの合弁会社、すなわち上海汽車集団傘下の上海易初との資本連携による上海三電汽車空調有限公司（ＳＳＡ）と、天津マフラーとの資本連携による天津三電汽車空調有限公司（ＴＳＡ）という二つ立ち上げました。ＳＳＡはコンプレッサーの製造、ＴＳＡはカーエアコンシステムを組み立てる会社です。

　さらに二〇〇二年には、上海に中国市場全体をウオッチする前進基地として中国地域統括駐在員事務所（ＲＳＨ）を設置。二〇〇四年には、上海汽車集団の部品会社華域汽車とドイツの車部品会社ベーア、サンデンの三社が出資したコンプレッサーの製造会社・華域汽車空調有限公司（ＳＳＢ）を上海に設立したほか、瀋陽にカーエアコンの組み立て会社・瀋陽三電汽車空調有限公司（ＳＹＳ）を設立しています。

この時期、中国企業、とくに上海汽車集団側との交渉に汗をかいてくれたのが、当時、本社の自動車機器事業部豪亜グループにいた安井祐一さんと、その部下の甲斐照幸さんでした。

安井さんは一九七九年に入社し、サンデン・オーストラリア（ＳＩＯ）に三年、サンデン・シンガポール（ＳＩＳ）に六年間駐在した豪州・アジア通です。一九九三年に本社に戻り、エアコン・コンプ事業部豪亜グループで中国担当になり、上海汽車集団との合弁立ち上げに深く関わったのです。その当時のことを、安井さんは次のように回想しています。

安井 祐一氏

「あの頃、上海側からしきりに中国進出の誘いがあったんですが、サンデンの中国室はリスクが高いと断っていました。リスクは当然ありますね。当時、いい話というのはあまり聞かなかった。撤退が難しいという話がされていて、成功している会社の事例があっても、そこにはフォーカスが当たらなかった。社内でもリスクだという話になったんです。私は、中国は市場として必ず伸びると確信していましたので、『今を逃したら、この先、うちは何も取れなくなる』と主張して、マイクさんに後押ししてもらいながら、合弁会社づくりをしました。それがＳＳＡです。初代総経理には、サンデン香港にいたジェイソン・アンになってもらいました」

安井さんに言わせれば、反対論が多い社内を説き伏せたかたちで合弁会社にもっていったのが、ＳＳＡでした。

しかし、いざＳＤコンプの製造を柱とする合弁事業を始めてみると、コンプレッサーの関連部品は全部上海易初から納入されるため、品質がどうにも良くなかったといいます。「これは上海易初をよくするしかない」、そう考えた安井さんは、上海易初を買収し、新しい合弁会社でサンデン流の品質管理をするという戦略を立て、私（牛久保雅美）のところに、その了承を取り付けにきました。しかし、上海易初を丸ごと買収するには膨大な資金が必要になります。私は、資金的な面を含めてじっくり検討した結果、ＳＳＡとは別の合弁会社を設立するという線で進めるように指示を出しました。

これを受けて、安井さんは、まず、上海易初でタイのＣＰグループが五〇％持っていた株式を買い取るという交渉を始めました。折しもＣＰグループでは、一九九七年夏、タイ通貨のバーツ暴落から始まったアジア通貨危機でダメージを負ったことから、本来の農産物ビジネスに集中し、自動車部品からは撤退する方針を出していました。このため、交渉を始めると、ＣＰグループはすぐに買収に応じてくれました。

ところが、上海汽車集団側からは、拒否されました。上海汽車側の本音としては、コンプレッサーだけでなく、エアコンも含めてできるメーカー、端的に言えばデンソーと組みたいという意向をもっていたようです。サンデンはカーエアコンシステムはやっていないに等しいという認識が、その背景にあったと思います。

そこで安井さんたちが考えたのが、当時、東京でサンデンとカーエアコンシステム開発目的の合弁会社エスバス（ＳＢＡＳ）のパートナーだったドイツのベーアという会社を誘って新しい合弁会社を立ち上げることでした。ベーアは、カーエアコンとエンジン冷却システムでは世界的に知られた専門メーカーです。世界的に知名度のあるベーアを誘って、ともに資本参加するという戦略を考えたのです。安井さんは、ベーアのトップに「上海に出先をつくりませんか、今、遅れたらもう間に合わないですよ」と話を持ちかけ、上海汽車グループのトップと引き合わせました。

この作戦が功を奏し、最終的にベーア、サンデン、上海汽車集団傘下の自動車部品会社・華域汽車空調）の三社が出資して、合弁会社ＳＳＢを設立することで合意しました。

こうして二〇〇四年にＳＳＢの設立に漕ぎ着けたのですが、ＳＳＡとＳＳＢの差別化は、ＳＳＡがプジョーやシトロエン、ホンダなど主に日本車やヨーロッパ車向けモデルのコンプ、ＳＳＢは、本体の上海汽車とその合弁会社の上海ＧＭ、上海フォルクスワーゲンに向けたモデルのコンプ、というふうに納入する顧客との関係で製品モデルを調整し、棲み分けをしました。
図―5は、SSBの設立以降の売上高の推移です。設立年（二〇〇四年）にいきなり年商一〇〇億円を超え、二〇一二年には三五〇億円を突破しています。サンデンの中国市場開拓の拠点であり、牽引車の役割を果たしてきたといえます。

上海工場

■SSB売上高の推移

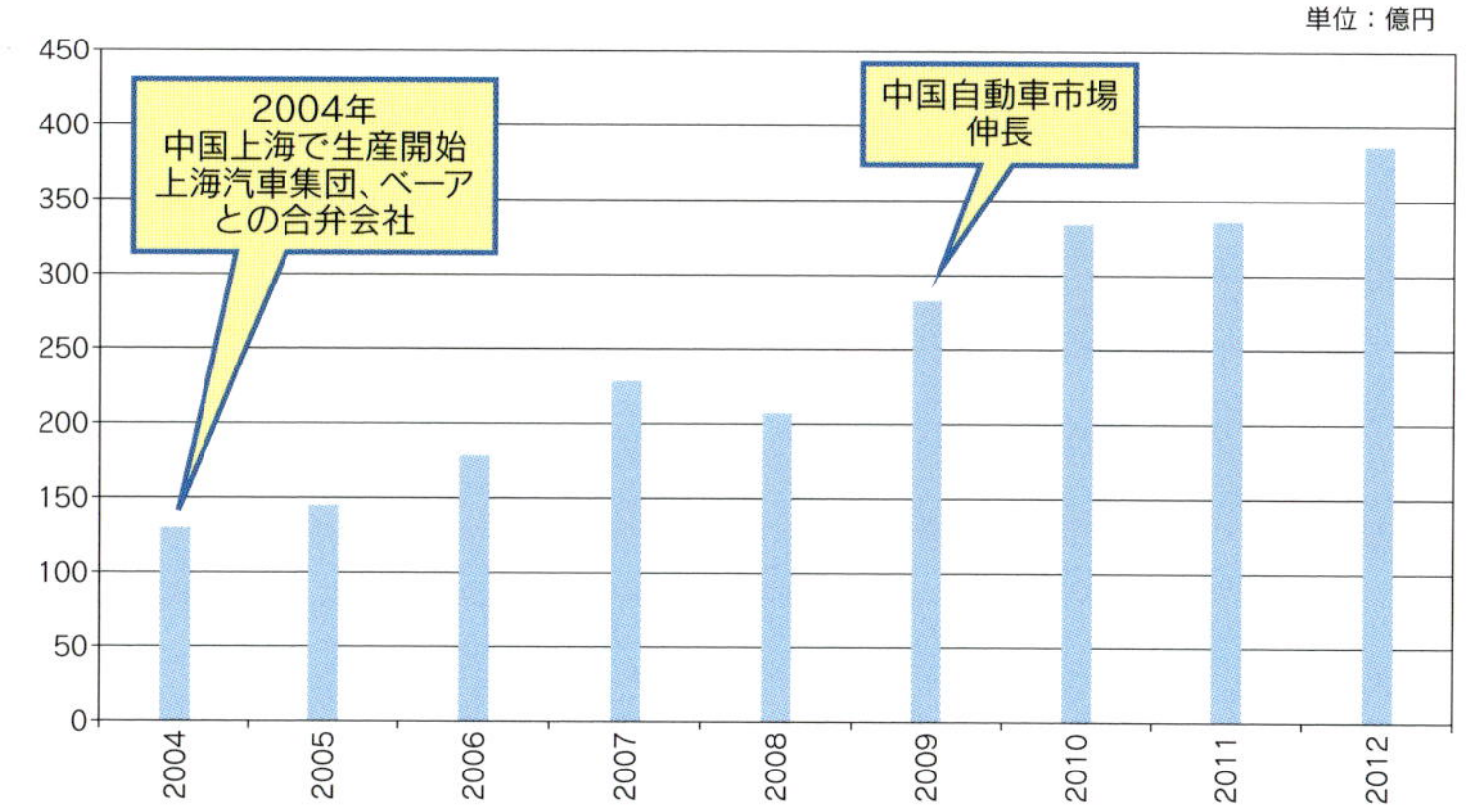

■生産・販売台数

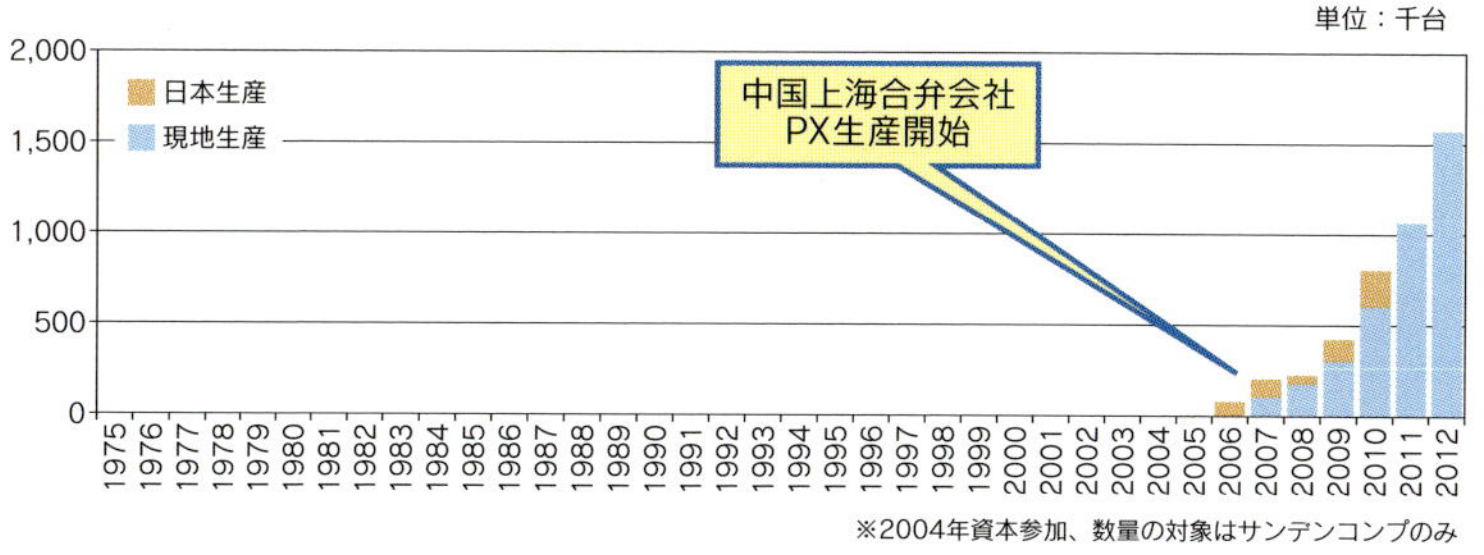

図－5　SSBの売上の推移、生産・販売台数

SSA

SSB

現地法人の社長（総経理）はすべて中国人

この上海汽車集団との二つの合弁会社をふくめて、現在、サンデンはエアコン／コンプ関連の会社を中国全土で六社ほど（さらに流通会社ＳＳＲとＳＳＴの二社）展開しています。

各現地法人の社長（総経理）は、ＳＳＡの初代社長でシンガポール人だったジェイソン・アンをのぞいて、すべて現地採用かパートナー側の人選です。ＴＳＡ（天津マフラーとの合弁会社）の場合は、サンデンの出資比率が五一％であるのに、総経理はパートナー側に任せています。なぜ、そうするのか。安井さんは、次のように話しています。

「もちろん、これはマイクさんの了解を得てやってきたことですが、この合弁会社を成長させるのに何がベストなのかというところから考えると、総経理は現地のことをよく知っていて、現地のお客さんとコネがあって、しかも社員を把握していなければいけない。そんなことは日本人にはできるわけがない。それで向こうにやってもらうのです。いざとなれば董事会（取締役会）がありますから、だめなことには反対すればいいわけです。それでいいんじゃないかということですね」

周知のように、中国では、日中間の政治的な軋轢が起きると反日デモが噴き上がり、日系企業が目の敵にされることがよくありましたが、さいわい労働争議が起きてもマネジャーが中国人で解決の仕方を心得ているため、職場の人間関係は良好に保たれます。合弁会社で中国人マネジャーを選任することのメリットといえるでしょう。

このほか、上海汽車はニューヨーク証券取引所に上場しているためか、ガバナンスの面でもC・SOX（China-SOX）があって、帳簿や決算の内容を厳密にチェックしています。董事会（取締役会）で業績の進捗などを総経理が報告する内容も、それに準じるため、しっかりした報告が上がってきます。パテントについても、中国のほうがむしろグローバルスタンダードに近く、トラブルを回避しようという意識が強く、組織のなかに特許部のような部局を置いて、徹底的に調べる体制を組んでいます。急速にグローバル対応力をつけいると言っていいでしょう。

そのいっぽうで、例えばSTQM活動のように会社の品質を全体でどう上げていくかという品質力アップの取り組みは、目に見えて数字がすぐに出にくいためか、以前はなかなか活性化しない傾向がありました。しかし、サンデン側が折々でどんな水準を求めていくかが、これからの重要な課題になると思います。

いずれにしても、いまサンデンのコンプレッサーの市場占有率は、全世界で二五～三〇％に達していますが、そのうちの約四割は中国で生産されています。サンデンにとっても、SSB、SSAを中心とする中国現地法人は、なくてはならない存在になっていると言えます。

食品・流通機器市場としての将来性

自動車関連機器と比べれば、売上規模は小さいものの、いま中国市場で着実に伸びているのが、自販機や冷凍ショーケースなどの食品・流通機器です。この分野のパイオニア的存在となったのが、二〇〇六年に上海に設立したSSR（上海三電冷机有限公司）です。

SSRの設立に至る経緯を、長年、食品・流通機器の輸出に携わり、現在は海外流通コーヒー機器の営業を担当している長谷川泰久さんは、次のように話しています。

「中国は当然大きな市場ですから、入りたいとは思っていたのですが、なかなか独自では難しい。フレーザーという会社が台湾にあって、ベンドーの代理店だったのです。それでフレーザーと組んで、SSRというショーケースの合弁会社をつくりました。フレーザーは、もともと中国で独自に製造販売をやっていたのですが、小さなオーナー会社ですから、なかなか商売を拡大していくのに独自では難しいと限界を感じていたようで、われわれも中国でビジネスをしたいという思いがあったのがうまく噛み合って、では合弁でショーケースの会社やろうということだったのです。

出資比率はサンデンが五一％、フレーザーが四九％。フレーザーが持っていた販路やサービス網を新しい会社に移管してもらったので、いきなり何万台という商売ができました。設立して当初は毎年一〇〜二〇％という急成長でした。SSRのお客さんも、コカ・コーラとペプシ・コーラがメインです。両方ともうまく伸びてきてくれたので、SSRの商売も伸びてきたのです」

長谷川 泰久氏

では、中国の都市化にともなって増えていくコンビニエンス・ストアなどへの展開はどうしていくのか。長谷川さんは、それは店舗事業部の仕事ですが、と前置きをしながら、こう話していました。

「コンビニ商売は最近始めたところですね。ここ三年ぐらい少しずつですけれど、まだ独立できるところまでは行っていないと思います。コンビニの商売って難しくて、中国に出ているコンビニさんは、言ってみれば日本の指示で動いているようなところがある。そうすると、日本でこういったところを使っているから、中国でも使おうとなる。そこに入っていくのは、現地ではなかなか難しいのです。ですから、それは現地と日本と両方でいま攻めているところだと思います」

もう一つ、自動販売機については、次のように抱負を述べていました。

「自動販売機の市場は、日本とアメリカと欧州が主でしたが、中国でも二〇〇六年からSSRで自動販売機の製造を始めました。当初、このくらい伸ばそうという絵を描いたのですが、そうなっていないのが現実です。でも、あれだけ大きな国ですから、間違いなくこれから自動販売機の市場は拡大していく。そのタイミングにうまく合わせて、われわれの事業をどう拡大していくかが大きな課題です」

食品・流通機器の中国市場の拡大は、まだ序盤戦というのが現実です。しかし、中国市場の今後の成長性については、誰も否定できません。

アジアにおける食品・流通機器事業の展開では草分け的な存在だったOB社員の中野真一さんは、じつは初代のSSR副代表を務めた人物ですが、その経験を踏まえて、中国における食品・流通機器の今後の展開を、次のように語っています。

「人はだんだん豊かになると高いレベルを求めるようになるんですね。昔は上海のレストランでも冷えたビールは、なかなか飲めなかった。冷やして飲む習慣がなく出せなかったんです。食品のクーラーがなかったから。ところが最近は、だんだん上海では冷やして飲むようになった。逆に冷やさないと、お客さんからクレームがくる。そういうことが、だんだん地方にも波及するようになるでしょう。だから中国市場はすごく大きいと思います。

しかし、クーラーやショーケースをつくる技術が非常にハイレベルかといえば、そうでもない。だからいちばんいいのは、各地に強い現地メーカーがあるはずなので、そこと組んで、サンデンの管理のもとに、いろいろ細かく技術指導をしながら展開していくべきじゃないかと思います。たった一つの合弁会社で中国全土をカバーするのは、やはり難しいですよね」

この中野さんと前出の長谷川さんの二人が、いま中国市場拡大のためにいちばん必要とされているものとして、口を揃えて訴えたのは「海外人材の育成」でした。海外人材が足りないという声は、他の部門からも聞こえてきそうですが、食品・流通機器部門も切実だということでしょう。中国市場で生産現場や顧客と親密なコミュニケーションをとっていくには、技術者も営業担当者もまず中国語ができること、その上で専門的知識が求められることになります。そうした海外人材の育成を急いでほしい、というのが中国市場の開拓の井戸を掘ってきた先輩たちの切実な願いでした。それはまた、サンデンが会社として取り組んできて、まだできていない課題だといえるでしょう。

年表で見るサンデンの中国市場進出の歩み

最後に、これまでみてきた中国市場での展開を、合弁会社の設立を中心に年表にまとめてみました。まだＳＩＡやＳＩＳに比べると歴史が浅いので、そんなに多くの事項は盛り込んでありませんが、今後サンデンの拠点が中国全土に拡大していくことが予想でき、またそうなるように取り組んでいくべき課題でもあります。

［サンデンの中国市場展開の歩み］

・一九八〇年　台湾に三共インターナショナル台湾事務所（ＳＩＴ）開設
・八一年　台湾に台湾群馬冷気股有限公司設立（ＳＩＴ）
・八八年　上海汽車傘下の上海易初とコンプ製造技術提携契約

・一〇〇〇年　広州汽車とコンプ製造技術提携契約
・一九九三年　華域三電汽車空調有限公司（ＳＳＢ）設立
・一九九九年　香港にＳＩＣ（サンデン香港事務所）設立（二〇〇〇年に解散）
・二〇〇〇年　上海にサンデン上海レプレゼンタティブ事務所（ＲＳＨ）設立中国地域統括駐在員事務所
・二〇〇二年　ＴＳＡ（天津三電汽車空調有限公司）資本参加――カーエアコン製造・天津マフラーとの合弁会社
ＳＳＡ（上海三電汽車空調有限公司設）設立――コンプ製造・上海易初との合弁会社
・二〇〇四年　ＲＳＨ（中国地域統括駐在員事務所）を開設
・二〇〇五年　ＳＳＢ（華域三電汽車空調有限公司）資本参加――コンプ製造・上海汽車との合弁会社
ＳＹＳ（瀋陽三電汽車空調有限公司）資本参加――カーエアコン製造
・二〇〇六年　ＴＳＡ中国天津にカーエアコン工場を設立
ＳＳＲ（上海三電冷机有限公司設立――食品流通機器・フレーザーとの合弁会社

・二〇〇九年　SSP（蘇州三電精密零件有限公司設立――アルミダイカスト製造

・二〇一〇年　SST（上海三電保冷熱系統有限公司）（サンデン上海サーマルエンヴァロメンタルシステム）設立――食品機器用CO_2コンプレッサー製造

CSA（重慶三電汽車空調有限公司）設立――重慶の不動産会社BOAO（博奥）との合弁会社

このように見てくると、最初はリスクが高すぎると警戒した中国進出でしたが、上海汽車傘下の上海易初と初めて技術提携契約を結んでからすでに三〇年が経過しようとしています。この間、中国は二〇〇一年にはWTO（世界貿易機構）に加盟して、貿易の自由化を実施、二〇一〇年には日本を抜いてGDP世界第二位の経済大国に浮上しました。

当初は、安価な労働力の宝庫として中国に進出した外国企業も、いまでは一三億人の巨大市場として認識し、その巨大な市場にいかにモノやサービスを届けるかを考えて進出するようになりました。自動車産業も成長し、世界屈指の自動車大国に浮上しました。

サンデン中国統括事務所（RSH）の執行董事を務めるパトリック・プーン（潘大端）さんによれば、中国経済は二〇二〇年までは実質五％前後の成長で推移し、自動車産業も五～三％の範囲で成長していくといいます。その先行きに不安があるとすれば、ＰＭ２・５問題に代表される環境汚染は、その最大の懸念材料ですが、中国政府は、CO_2やＮＯＸを出さない電気自動車の購入者には、優遇策を与え、購入許可税も不要にする方針で、今後、自動車メーカー各社が量産化を図っていくのは必至の情勢です。

そうなれば、コンプレッサーも電動コンプレッサーが有力商品になっていくと思われ、ＳＳＢも対応を迫られることになる、というのがパトリック代表の見解です。発展途上国から経済大国にのしあがった中国の動向は、今後も目が離せないといえます。

第七章

サンデンを全く別の切り口から見た識者の提言

（1）本社開発技術部門と現地法人の連携をより緊密に
……久米均東大名誉教授

久米均東京大学名誉教授は、日本におけるTQM指導の第一人者であり、サンデン本体と国内の関連会社のみならず、現地法人のSIA、SIS、SVLを指導してデミング賞受賞へと導いた実践的な研究者です。久米先生は、とくに日本の開発技術陣に対して、もっと現地法人と連携を深めるようにと、次のように話しています。

「サンデンは日本の中に市場がありません。それでずっと海外で戦っているのです。海外展開が本当に効果を上げるかどうかのポイントは、海外法人との連携がどれだけうまくいくかにあります。ところが、その連携がうまくいっているようには見えない。問題は開発です。海外は開発部門を持っていないのです。それなのに本社の開発の連中は、海外から要求しても言うことを聞かない。一番失敗したのはPXFコンプレッサーです。SIAで開発して、クライスラーに持っていったら全然だめでした。対策もとれない。どうして開発部門が出て行かないのかと、私はそのときに思いました。

デトロイトのテスト部門（ROD）では、テストはすべて通っているというのです。ところがクライスラーに持っていくと落ちるという。クライスラーのテストがおかしいのではないかと逆のことを言い出すから、そうではない、あなたたちのテストがいい加減なのだ、と私は言いました。

どうしてかというと、それまでサンデンはスクロールタイプのコンプレッサーだったのです。私は、これは非常に優れた製品だったと思います。設計がきちんとできているから、テストをしなくてもみんな合格する。今まで変なテスト条件でやっていたのだけれども、もともといい製品だから、やらなくてもいいテストをやっていて、向こうでも合格していたということなのではないかと、私は想像しています。

ところが、ＰＸは新製品で、経験も何もない。開発がとにかく一生懸命つくったわけです。それで、今までのテスト基準で合格したからいいだろうと持っていったら、全部だめ。直せと言ってもどこが悪いか分からないのです。ＳＩＡでは無理です。だから開発のほうから出てきてやらなければだめだと言ったのですが、なかなか出て行かない。

もう一つは、何か部品が悪いはずで、設計ミスだと思います。何の部品が悪いか、それを解析する方法として、ドリアン・シャイニング法という〝Component Search Method〟というものがあるのです。これは非常に素晴らしい方法なので、それをやったらどうかと言ったのですが、やらないのです。

久米　均東京大学名誉教授

私が前にアメリカのＡＴ＆Ｔに行ったときに、そこの技術部長がくれた本で、素晴らしいと思っていました。これでやれと言っても、だめなのです。そうしたらクライスラーの連中がやってきて、やはり同じ方法を紹介したら、やっとそれから勉強し始めました。
要するに、対応が遅いのです。いずれにせよ、それは失敗しました。本当はもっと開発技術部門と現地とが連携したほうがいい。
インドのＳＶＬでもそうです。ＳＶＬの一番の問題はＳＶＬの問題ではないのです。インドは自動車のマーケットがどんどん拡大していて、小型車が中心なのです。これに対応するには小型のコンプレッサーが必要です。これをサンデンが開発しなければいけないのに、サンデンはそのような小さなものは持っていないのです。インドは絶対にそれをしないといけないから開発すべきだと、東京本社で提言したのです。すると、お金がないなんて言う。呆れました。それは牛久保さんではありませんでしたが、私はがっかりしました。あまりそれを言うときついですね（笑）。
ＳＶＬへ行ったときも、日本の開発の連中を積極的に口説くべきだと言いました。それをしないと売るものがなくなると言って。それでやっとデミング賞の前くらいに小型コンプレッサーをつくり始めましたね」

（2）経営管理スタイルの壁を越えろ
…バーント・ボーケル（元SVE社長）

次のメッセージは、一九七八年から二〇〇九年まで三一年間、ベンドーグループの最高責任者として勤務し、VENDO・ヨーロッパの社長を務めたバーント・ボーケルさんからの提言です。二〇一三年にサンデン七〇周年、ベンドーがサンデン傘下になって二五周年を迎えたときにインタビューした内容を要約したものです。

「まず、マネジメントスタイルに関してですが、アメリカのマネジャーたちは非常に短期間の目標しか持っていません。アメリカの親会社のトップは子会社の責任者を呼び、次期四半期のために何ができるかを聞いてくる。これに対して、日本は実行計画や見込み計画を作成すると同時に五年の中期計画を策定します。

また、ものごとの決定プロセスも大きく違います。アメリカでは適切な管理がないままに、大きな責任を下の社員に与える。これは危険性はあるが、同時にチャンスをつかむことでもあります。日本企業が親会社の現地法人では、現地に決定権がまったくない。日本の現地代表は決定権を持っていないのです。

ビジネス環境の違いはもっと鮮明です。日本のビジネスのやり方は、長い間日本に住み、日本語を話さない限り、ドイツ人やアメリカ人にとってまさに神秘そのものです。言葉が障害であり、数千年の伝統がドイツやアメリカの数百年の歴史の前に立ち塞がっている。どれだけ深くお辞儀をするかは相手の職位で決まり、グループの中で誰がボスかを見分けるか、提案に対して賛成か反対かの決断が決定されたのかを知ることなどなど、知るよしもありません。日本人は婉曲に表現し、無表情です。そのためかすかなサインやシンボルを理解しなければなりません。

日本と欧米との最大の違いは、女性の待遇です。アメリカでは女性は男性と同じか、それ以上の権利があり、企業のトップにも多くいます。ドイツでも女性の進出が増えています。日本では、経営陣のなかに女性を探すのに虫眼鏡が必要なほど少ないのが実情です。

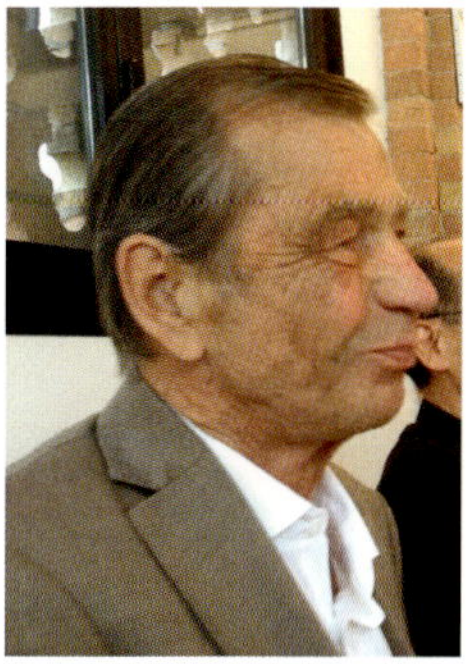

バーント・ボーケル氏

それから、今日では英語がビジネスで使用される言語のため、アメリカ人は言葉を学ぶ必要がありませんが、日本人の経営層や部長たちは驚くほど英語を話さない。ましてドイツ語を話す人はほとんどいない。言葉はメンタルを理解する鍵なので、この点はぜひ変えて欲しいですね。逆に、ドイツ人やアメリカ人も、日本のビジネスを理解するには、『どうも』や『ありがとう』だけでなく、もっと幅広く日本語を身につけなければなりません。残念ながら易しい言語ではありませんが。

ベンドーがサンデン傘下になったことについての私の評価ですが、プラス面としては、必要としていた資金をサンデンが提供してくれたので、世界の顧客との関係を改善でき、サンデンの技術を取り込んだ新商品開発への道も開くことができたことがあげられます。ベンドー社はサンデンの最新の技術を学ぶことができ、タイのサンデンの合弁会社で生産するクーラーで新顧客を獲得することもできました。

マイナス面は、経営の決断に時間がかかること。しかも、経営的な決断は日本人以外には知らされないことが多い。外国人への信頼が足りないのでしょう。サンデン本社のシニア経営者になっても、重大な経営決断（例えば工場長を日本人に任命するなど）、自分には何の相談もなく決められたことがありました。

私がベンドーヨーロッパ（ＳＶＥ）の社長＆ＣＥＯのときに、幾つかの理由でチャンスを逃したことは、いまも悔やんでいます。なかでも最大のものは、少額の投資でScherer（シェーラー）社を買収するチャンスがあったとき、サンデン側を説得できず、逃してしまったことです。Scherer社はコーヒーメーカーでは最も高い評価のあるスイス企業で、買収していれば、コーヒー自販機のノウハウと高評価の企業名と完全な製品ラインとスイス企業の税優遇を手にできていたでしょう。今日ではSchaerer社はＷＭＦ（ヴェーエムエフ）社の傘下で非常に成功しています。

私がもう一度ベンドーのＣＥＯになるとしたら何をするかですって？　まず、日本語をしっかり身につけます。可能な限り頻繁に日本を訪問し、日本女性と結婚します（笑）。サンデンの株式も購入して株主になりますね。

最後に、お互いがパートナーとしてうまくやっていくために、アドバイスを一つ。それは、日本人はヨーロッパ人の前で、日本人同士が日本語を話さないようすることです。不親切で、失礼だと受け取られます。話すときは英語を使うこと。英語でビジネスができない人や現地の言語を習う気持ちのない人をヨーロッパに派遣しないことです」

終わりに

サンデンは今年創立から七五年を迎えました。しかしながら世界の経済や産業の変化は大きく、今振り返ってみますと今から約五、六年前の二〇一三〜二〇一四年頃からのサンデンはそれ以前のサンデンと大きく変わってきています。

簡単に言えば単体でのサンデンで総合力で経営してきた体制と、二〇一七年に設立したサンデンホールディングス株式会社の体制が全く変わってきたことです。

振り返ってみると創立からの創業者経営の時代の三五年間（一九四三〜一九七八年）と、グローバル展開の時代の三五年間（一九七八〜二〇一三年）の七〇年間はすでにサンデンの歴史となっているわけです。即ち現時点でサンデンを歴史的にみると、次のような三つに区分できると思います。

［1］第一期　創業者経営で事業基盤を築いた時代（一九四三ー一九七八年）
三共電器株式会社

［2］第二期　カーエアコン事業を軸に世界展開した時代（一九七八ー二〇一三年）

サンデン株式会社

［3］第三期　時代に即した経営体制での出発（二〇一五〜）

サンデンホールディングス株式会社

そこで私は、第二期のサンデンが日本経済の発展と共に素晴らしい発展をした、当時のサンデンのすべてのステークホルダー、即ち社員及びその家族、群馬を中心とした日本の人たち、さらに世界中のサンデンに関係した人たちに感謝しつつ、この歴史が若い世代の人たちの何かの一助になればと思い、出版を企図したしだいです。出版を快く引き受けてくださった上毛新聞社に心より感謝申し上げます。

二〇一九年一〇月三〇日

サンデン株式会社元会長　牛久保　雅美

サンデングローバル事業開拓物語

構成・執筆　山口　哲男
製作協力　サンデン編集会議
前田　弥生
サンデン歴史館
監　　修　牛久保雅美
印刷・発行　上毛新聞社
〒三七一－八六六六
群馬県前橋市古市町一－五〇－二一
電話　〇二七－二五四－九九六六
発　行　日　二〇一九年一一月二〇日

ISBN978-4-86352-246-6